茶艺导学案

主　编　文　茜
副主编　余桂芹　陈凤鸣

西南交通大学出版社
·成　都·

图书在版编目（CIP）数据

茶艺导学案 / 文茜主编. —成都：西南交通大学出版社，2020.12（2024.7 重印）
ISBN 978-7-5643-7953-7

Ⅰ. ①茶… Ⅱ. ①文… Ⅲ. ①茶艺－职业教育－教材
Ⅳ. ①TS971.21

中国版本图书馆 CIP 数据核字（2020）第 271189 号

Chayi Daoxuean
茶艺导学案

主　编 / 文　茜
责任编辑 / 牛　君
封面设计 / 原创动力

西南交通大学出版社出版发行
（四川省成都市金牛区二环路北一段 111 号西南交通大学创新大厦 21 楼　610031）
发行部电话：028-87600564　028-87600533
网址：http://www.xnjdcbs.com
印刷：成都蜀通印务有限责任公司

成品尺寸　185 mm × 260 mm
印张　11　　字数　251 千
版次　2020 年 12 月第 1 版　　印次　2024 年 7 月第 4 次

书号　ISBN 978-7-5643-7953-7
定价　32.00 元

课件咨询电话：028-81435775
图书如有印装质量问题　本社负责退换

前言

茶艺是一种文化，在中国优秀文化的基础上又广泛吸收和借鉴了其他艺术形式，并扩展到文学、艺术等领域，形成了具有浓厚民族特色的中国茶文化。它是包括茶叶品评技法和艺术操作手段的鉴赏以及品茗环境的领略等整个品茶过程的美好意境，其过程体现形式和精神的相互统一，是饮茶活动过程中形成的文化现象。茶艺包括：选茗、择水、烹茶技术、茶具艺术、环境的选择创造等一系列内容。茶艺背景是衬托主题思想的重要手段，它渲染茶性清纯、幽雅、质朴的气质，增强艺术感染力。不同风格的茶艺有不同的背景要求，只有选对了背景才能更好地领会茶的滋味。

本导学案根据教师为指导学生编写的讲义整合改编而成，其最大的特点是依据学生的认知水平、知识经验，指导学生主动进行知识建构。本书主要以茶文化为切入点，介绍了茶叶基础知识、茶具基础知识、茶叶冲泡技艺、茶艺表演、茶席设计、饮茶习俗、茶艺师职业素养等内容。本书以图文并茂的形式将知识点转变为探索性的问题点、能力点，通过对知识点的设疑、质疑、激思，提高学生的学习兴趣和探究问题的兴趣，培养学生自主学习和建构知识的能力以及创新素质。

本书由文茜担任主编，余桂芹、陈凤鸣担任副主编，并得到了南江县元顶子茶厂张伯海技能大师以及平昌县文旅局的大力帮助和指导，编者在此深表谢意！

本导学模式尚在摸索之中，还存在许多需要改进和完善的地方。因此，对于本次导学案的汇编成册，我们十分诚恳地敬请同行、专家批评指正，以利于本书进一步提升和完善。

编 者

2020 年 10 月

本导学案教学时数（72 学时）建议如下：

模块名	教学内容	建议课时数	章节总课时数
中国茶文化概述	中国用茶与饮茶的源流	2	5
	中国茶文化的形成、发展与对外传播	2	
	茶事艺文	1	
茶叶基础知识	茶叶的分类与品评	2	16
	绿茶鉴赏	2	
	黄茶鉴赏	2	
	白茶鉴赏	2	
	青茶鉴赏	2	
	红茶鉴赏	2	
	黑茶鉴赏	2	
	花茶鉴赏	2	
茶具基础知识	茶具识别	2	4
	茶具适配	2	
茶叶冲泡技艺	绿茶冲泡技艺	4	18
	黄茶冲泡技艺	2	
	白茶冲泡技艺	2	
	青茶冲泡技艺	2	
	红茶冲泡技艺	4	
	黑茶冲泡技艺	2	
	花茶冲泡技艺	2	
茶艺表演	绿茶茶艺表演	4	18
	黄茶茶艺表演	2	
	白茶茶艺表演	2	
	青茶茶艺表演	2	
	红茶茶艺表演	4	
	黑茶茶艺表演	2	
	花茶茶艺表演	2	
茶席设计	茶席设计的题材与构成	1	5
	茶席设计结构与服饰、背景设计	1	
	茶席插花	1	
	茶点茶果设计	1	
	焚香、背景音乐与相关艺术品设计	1	

续表

模块名	教学内容	建议课时数	章节总课时数
饮茶习俗	中国各民族饮茶习俗	1	2
	世界各国饮茶习俗	1	
茶艺师职业素养	茶艺师职业道德与礼仪素养	1	4
	茶艺师形象礼仪之仪容仪表	1	
	茶艺师形象礼仪之仪态	1	
	茶艺师专业素养	1	
总课时			72

目　录

模块五 茶艺表演

模块六 茶席设计

模块七 饮茶习俗

模块八 茶艺师职业素养

参考文献

附 录

模块一

中国茶文化概述

茶艺导学案

模块一　中国茶文化概述

任务一　中国用茶与饮茶的源流

第　　　课时

个案改错

学习目标	1. 了解用茶与饮茶的源流。 2. 掌握中国饮茶方式的演变。 3. 能熟练讲述中国饮茶方式的演变及其特征。 4. 能够介绍、讲解中国茶文化的悠久历史。 5. 将所学的知识灵活地运用于茶艺实践中。
学习重点	用茶与饮茶的源流并掌握中国饮茶方式的演变。
学习难点	中国饮茶方式的演变。

一、自主学习

1. 网上收集中国茶文化起源的资料（搜索网站 www.gouronge.cn）。

2. 了解早期饮茶工具及方法（播放视频）。

二、合作探究

活动一：

1. 学生通过收集资料，分小组探讨中国用茶源流和饮茶方式的演变（教师讲解，学生总结归纳重点）。

茶源流：

饮茶方式演变：

2. 学生自习宋朝点茶法的流程。

活动二：

1. 教师演示实训考核方式（宋朝点茶法）。

2. 学生实操宋朝点茶法的流程。

三、目标检测

1. 实训内容

中国饮茶方式的演变

操作项目	年代及方式讲解
1. 羹饮法	
2. 烹饮法	
3. 点茶法	
4. 撮饮法	

2. 实训考核

考核评分表

班级：　　　　　　小组：　　　　　　考核内容：讲解中国饮茶方式的演变

考核项目	考核要点	分值	小组互评	教师评分
讲解羹饮法、烹饮法、点茶法、撮饮法出现的年代及方式，相关文献、故事	仪表整洁、言行得体、姿态优美	30分		
	普通话标准、逻辑清晰、体现专业性	70分		
合计		100分		

日期：　年　月　日　　　　　　教师：

四、反馈练习

1. 简述中国饮茶方式的演变过程。

2. 简述宋代点茶法的流程。

教学反思

模块一　中国茶文化概述

任务二　中国茶文化的形成、发展与对外传播

第　　课时

个案改错

学习目标	1. 掌握中国茶文化的形成、发展。 2. 掌握中国茶文化对外传播的途径。 3. 熟知茶文化源流及发展。 4. 将所学的知识灵活地运用于茶艺实践中。
学习重点	中国茶文化的形成、发展。
学习难点	中国茶文化对外传播的途径。

一、自主学习

1. 通过引入中国饮茶的源流，引导学生背诵宋朝时期的点茶法程序。

2. 播放中国茶文化的发展视频，引入新课（播放视频）。

二、合作探究

活动一：

1. 学生根据收集的资料探讨中国茶文化的形成、发展与对外传播（教师讲解，学生总结归纳重点）。

形成：

发展：

对外传播：

2. 学生根据自习知识链接——《中国茶文化之最》进行习题练习。

最先发现和利用茶的国家：

最大的野生茶树：

最早的茶学专著：

最早的茶事活动：

记载茶市的最早文献：

最早引入中国茶叶的国家：

最早的咏茶诗：

最早的“以茶代酒”：

活动二：

1. 教师演示实训考核方式。

2. 学生分组进行实训练习。

三、目标检测

1. 实训内容

中国茶文化的形成与发展

操作项目	讲解茶文化在不同朝代的发展情况
1. 三国以前	
2. 晋代、南北朝	
3. 唐代	
4. 宋代	
5. 元、明、清	

2. 实训考核

考核评分表

班级：　　　　　　　　小组：　　　　　　　　考核内容：中国茶文化的形成与发展

考核项目	考核要点	分值	小组互评	教师评分
各朝代茶文化的发展	仪表整洁、言行得体、姿态优美	30 分		
	普通话标准、逻辑清晰、内容准确	70 分		
合计		100 分		

日期：　年　月　日　　　　　　　　　　　　教师：

四、反馈练习

1. 唐代饮茶盛行的主要原因是什么？

2. 明太祖朱元璋“废团改散”有什么重大意义？

3. 简述中国茶叶向世界传播的主要方式。

教学反思

茶艺导学案

模块一　中国茶文化概述

任务三　茶事艺文

第　　课时

个案改错

学习目标	1. 熟知茶事艺文的概念。 2. 了解茶事艺文的表现内涵。 3. 懂得赏析著名的茶诗、茶画、与茶相关的茶书法。 4. 能背诵著名的、有代表性的茶诗。
学习重点	茶事艺文的概念及表现内涵。
学习难点	背诵著名的、有代表性的茶诗。

一、自主学习

1. 分小组讲解上节内容：茶文化在不同朝代的发展情况。

2. 教师评价讲解内容，并纠正学生讲解中的错误。

二、合作探究

活动一：

1. 学生根据收集的资料探讨茶事艺文的内容和表现形式（教师讲解，学生总结归纳重点）。

内容：

表现形式：

2. 学生根据教师展示的教学资料赏析茶诗、茶画、茶书法。

①茶诗

唐·元稹宝塔茶诗《一字至七字诗·茶》

茶，

香叶，嫩芽，

慕诗客，爱僧家。

碾雕白玉，罗织红纱。

铫煎黄蕊色，碗转麴尘花。

夜后邀陪明月，展前命对朝霞。

洗尽古今人不倦，将知醉后岂堪夸。

② 茶画

五代南唐·顾闳中《韩熙载夜宴图》

元·赵原《陆羽烹茶图》

③ 茶书法

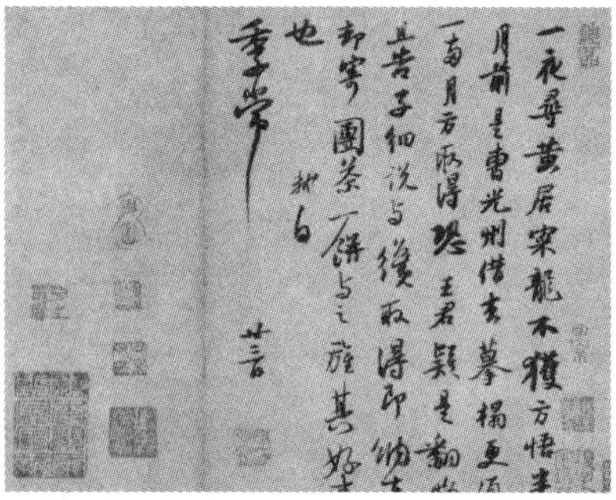

北宋·苏轼《一夜帖》

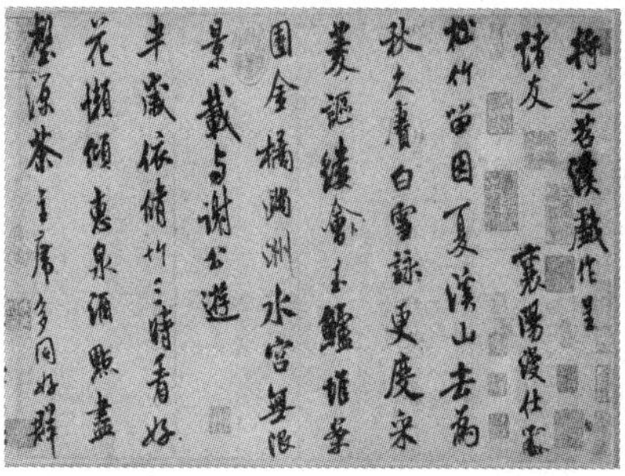

北宋·米芾《苕溪诗帖》（局部）

活动二：

1. 学生分组准备、朗读茶诗。

唐·皎然《饮茶歌诮崔石使君》

越人遗我剡溪茗，采得金牙爨金鼎。

素瓷雪色缥沫香，何似诸仙琼蕊浆。

一饮涤昏寐，情来朗爽满天地。

再饮清我神，忽如飞雨洒轻尘。

三饮便得道，何须苦心破烦恼。

此物清高世莫知，世人饮酒多自欺。
愁看毕卓瓮间夜，笑向陶潜篱下时。
崔侯啜之意不已，狂歌一曲惊人耳。
孰知茶道全尔真，唯有丹丘得如此。

2. 在教师主持下开展茶诗朗读竞赛（统一的茶诗比赛）。

宋·苏轼《次韵曹辅寄壑源试焙新芽》
仙山灵雨湿行云，洗遍香肌粉未匀。
明月来投玉川子，清风吹破武林春。
要知玉雪心肠好，不是膏油首面新。
戏作小诗君一笑，从来佳茗似佳人。

三、目标检测

1. 实训内容

中国茶诗朗读竞赛

操作项目	内容及标准
参加人选	每6人一组，每组选代表参加必答；抢答本组人员均可
茶诗朗读必选1首	唐·卢仝《七碗茶诗》
茶诗朗读自选2首	不限
茶事朗读竞赛活动颁奖	根据最终累计分，评出优胜者予以奖励

2. 实训考核

技能考核表

班级：　　　　小组：　　　　　　　　考核内容：中国茶诗朗读竞赛

考核内容	考核要点	分值	小组互评	教师评分
仪容仪态	表情自然、仪态大方	20分		
必选诗	普通话标准，有韵律感，声情并茂有带入感	30分		
自选诗	内容贴切，普通话标准，有韵律感，声情并茂有带入感	30分		
团队精神	全体参与、分工协作	20分		
合计		100分		

日期：年　月　日　　　　　　　　教师：

四、反馈练习

1. 茶事艺文的概念是什么？

2. 唐·皎然的《饮茶歌消崔石使君》，这首诗的价值是什么？ 3. 唐寅《事茗图》应该从哪些方面进行赏析？	
教学反思	

模块二

茶叶基础知识

模块二　茶叶基础知识

任务一　茶叶的分类与品评

第　　课时

个案改错

学习目标	1. 了解茶的命名与分类。 2. 熟悉茶叶分类的方法。 3. 掌握六大基本茶类的划分。 4. 掌握茶叶品评的基本步骤、方法。 5. 熟悉茶叶识别的指标。
学习重点	茶叶分类的方法及茶的分类。
学习难点	茶叶品评的步骤及方法。

一、自主学习

1. 上节课知识练习：

填写以下茶诗出自（　　　　　　　）

茶，
香叶，嫩芽，
慕诗客，爱僧家。
碾雕白玉，罗织红纱。
铫煎黄蕊色，碗转麴尘花。
夜后邀陪明月，晨前命对朝霞。
洗尽古今人不倦，将知醉后岂堪夸。

填写以下茶画出自（　　　　）

2. 教师评价练习内容，并纠正学生练习中的错误。

二、合作探究

活动一：

1. 学生通过收集资料，分小组探讨茶叶的命名及分类（教师讲解，学生总结归纳重点）。

分类：

2. 教师展示并讲解六大基本茶类的代表茶叶的基本特征（学生总结归纳重点）。

六大茶类：

基本特征：

活动二：

1. 学生分组鉴赏茶叶。

识图并命名

名称：

名称：

名称：

名称：

名称：

名称：

名称：

名称：

名称：

名称：

名称：

名称：

2. 教师示范讲解茶叶鉴赏的基本知识。

三、目标检测

1. 实训内容

品评茶叶的步骤与操作标准

步骤	要求	技能
1. 取样	科学、公正、全面，并有正确性和代表性	对角线取样法、分段取样法、随机取样法、分样器取样法
2. 摇盘	旋转、平稳，上、中、下三段茶分清	运用双手前后左右回旋转动，“筛”“收”相结合
3. 看外形	全面仔细，上、中、下三段茶都要看到	手法“筛”“削”“簸”，分为筛选法、直观法，还有一种方法必须经过训练，在摇盘到位的前提下，用双手握住盘的两边，用力簸茶，需一次成功，三段茶则均匀分布在茶盘中，可清楚地看到三段茶的粗细、长短、数量等情况
4. 开汤	准备称样，注入沸水容量一致，水满至杯口	用大拇指、食指、中指三个指头，要上中下都取到茶样，并基本做到一次取量成功，冲水速度慢—快—慢
5. 高温闻香	辨别出香气正常与否、香气类型及高低	一手握杯柄，一手按杯盖，上下轻摇几次，开盖闻香味儿，时间 2～3 s
6. 看汤色	碗中茶汤一致，无茶渣，沉淀物集中于碗中央	先用茶碗捞出茶渣，沿碗壁打一圆圈，看汤色，再交换位置，看汤色，反复比较
7. 中温闻香	辨别香气的优、次	同“高温闻香”
8. 尝滋味	茶汤温度 45～55 °C，茶汤量 4～5 mL，品尝时间 3～4 s，品尝两次，吸茶汤速度不要太快	茶汤入口后，在舌头上微微巡回滚动，吸气，辨别出滋味即闭口，由鼻孔中排出，吐出茶汤
9. 低温闻香	辨别出香气持久程度或余香多少	同“高温闻香”
10. 看叶底	嫩度、整碎、色泽及开展的程度	把叶底倒入叶底盘中，眼看、手摸

2. 实训考核

考核评分表

班级：　　　　　　小组：　　　　　　考核内容：品评茶叶的步骤与标准

序号	测试项目	应得分	小组评分	教师评分
1	步骤	30 分		
2	标准	40 分		
3	手法	30 分		
合计		100 分		

日期：　年　月　日　　　　　　教师：

四、反馈练习

1. 六大基本茶类包括哪些？

2. 品评茶叶有哪些步骤？

3. 收集六大基本茶类的代表茶，并了解其品质特征。

教学反思

茶艺导学案

模块二　茶叶基础知识

任务二　绿茶鉴赏

第　　　课时

个案改错

学习目标	1. 了解绿茶的加工工艺。 2. 掌握绿茶的分类。 3. 掌握绿茶品质的感官审评指标及绿茶的品鉴方法。 4. 掌握西湖龙井、洞庭碧螺春、信阳毛尖、黄山毛峰、太平猴魁、六安瓜片等主要名优绿茶品质之间的差异。
学习重点	绿茶的加工工艺及绿茶的分类。
学习难点	绿茶品质的感官审评指标，掌握绿茶的品鉴方法。

一、自主学习

1. 上节课知识练习：

识图并命名

名称：

名称：

2. 填写上节课知识：品评茶叶的步骤。

二、合作探究

活动一：

1. 学生通过收集资料，分小组探讨绿茶的分类与加工工艺（教师讲解，学生总结归纳重点）。

分类：

加工工艺：

2. 教师展示并讲解各类绿茶的品质特征。

活动二：

1. 在教师指导下进行绿茶感官审评。

2. 学生在教师指导下品鉴绿茶的代表：西湖龙井、洞庭碧螺春、信阳毛尖、黄山毛峰、太平猴魁、六安瓜片。

（1）准备冲泡绿茶的茶具。

（2）依次品鉴。

（3）洁具、收具。

三、目标检测

1. 实训内容

名优绿茶品鉴。

名优绿茶品鉴

名称	产地	品质特征
西湖龙井	浙江省杭州市西湖的狮峰、龙井、云栖、虎跑、梅家坞一带	以色翠、香郁、味甘、形美“四绝”著称于世，素有“国茶”之称，形似碗钉、光扁平直，色翠略带黄，似糙米色；汤色杏绿明亮，香气优雅清高，滋味甘鲜醇和，叶底细嫩成朵
洞庭碧螺春	江苏省苏州市吴县洞庭山	条索纤细、卷曲成螺、满身披毫，外形较为紧密，色泽翠绿；汤色清澈明亮，香气鲜高，滋味鲜醇，有“一嫩三鲜”之美誉，即芽叶嫩，色鲜、味鲜、香鲜
信阳毛尖	河南省信阳市车云山、集云山、天云山、云雾山、震雷山、黑龙潭、白龙潭，以车云山的天雾塔峰为最好	外形条索细圆紧直，色泽翠绿，白毫显露；汤色清绿明亮，香气鲜高，滋味鲜醇，叶底芽壮，嫩绿匀整，以“色翠、味鲜、香高”著称
黄山毛峰	安徽省黄山市黄山境内	芽叶肥壮匀齐，白毫显露，形似雀舌，色似象牙，黄绿油润，叶缘金黄；汤色清澈明亮，清香高爽，味鲜浓醇，杯底留香、叶底匀嫩成朵。有“黄金片”“幸有冷香”之美誉

太平猴魁	安徽省黄山市黄山区新民乡、龙门乡	外形色泽翠绿有光泽，白毫显露；汤色黄绿清澈，香气醇正，滋味醇和
六安瓜片	长江以北、淮河以南的皖西大别山茶区，其中安徽省六安市所产最为著名	叶缘微翘，形似瓜子，色泽杏绿润亮；汤色清澈泛黄，香气芬芳，滋味鲜浓，回味甘美，叶底黄绿明亮，耐泡

2. 实训考核

考核评分表

班级：　　　　　　小组：　　　　　　实训内容：名优绿茶品鉴

序号	茶叶名称	外形	香气	汤色	滋味	叶底	应得分	教师评分
1	西湖龙井						20 分	
2	洞庭碧螺春						20 分	
3	信阳毛尖						15 分	
4	黄山毛峰						15 分	
5	太平猴魁						15 分	
6	六安瓜片						15 分	
合计							100 分	

日期：　年　月　日　　　　　　　　　　教师：

四、反馈练习

1. 绿茶按照其干燥和杀青方式不同可分为哪几类？

2. 绿茶基本的制作工艺有哪些？

3. 简述西湖龙井、洞庭碧螺春、信阳毛尖、黄山毛峰、太平猴魁、六安瓜片 6 种绿茶不同的品质特征。

教学反思

模块二　茶叶基础知识

任务三　黄茶鉴赏

第　　课时

个案改错

学习目标	1. 了解黄茶的加工工艺。 2. 掌握黄茶的分类。 3. 掌握黄茶品质的感官审评指标。 4. 掌握黄茶的品鉴方法。 5. 掌握君山银针、北港毛尖、蒙顶黄芽、温州黄汤、莫干黄芽、建德苞茶等主要名优黄茶品质之间的差异。
学习重点	黄茶的加工工艺及黄茶的分类。
学习难点	黄茶品质的感官审评指标，掌握黄茶的品鉴方法。

一、自主学习

上节课知识练习（表格填写）：

名称	香气	外形	汤色
西湖龙井			
洞庭碧螺春			
信阳毛尖			
黄山毛峰			
太平猴魁			
六安瓜片			

二、合作探究

活动一：

1. 学生通过收集资料，分小组探讨黄茶的加工工艺及分类（教师讲解，学生总结归纳重点）。

加工工艺：

分类：

2. 教师展示和讲解黄茶的感官审评方法与标准。

活动二：

学生在教师指导下品鉴优质黄茶。

（1）准备冲泡黄茶的茶具。

（2）依次品鉴君山银针、北港毛尖、蒙顶黄芽、温州黄汤、莫干黄芽、建德苞茶。

（3）洁具、收具。

三、目标检测

1. 实训内容

名优黄茶品鉴

名称	产地	品质特征
君山银针	产于湖南省洞庭湖君山	外形芽头茁壮，紧实挺直，芽身金黄；内质汤色橙黄，香气清醇，滋味甘爽，叶底嫩亮。冲泡后芽头陆续竖立杯中，宛如春笋出土，部分芽头能上下沉浮，形成“三起三落”的景观
北港毛尖	产于湖南省岳阳县康王乡的北港	外形呈金黄色，毫尖显露；内质汤色橙黄，香气清高，滋味醇厚，叶底芽状叶肥
蒙顶黄芽	产于四川省雅安蒙顶山	外形扁直，芽匀整齐，鲜嫩显毫；内质汤黄而碧，香气甜香浓郁，黄绿明亮，味甘而醇，叶底嫩黄
温州黄汤	产于浙江省平阳、瑞安、泰顺、永嘉等地	外形条索细嫩，显芽毫，色泽嫩黄有光泽；内质汤色橙黄或金黄，香气清高幽远，滋味醇和鲜爽，叶底芽叶成朵
莫干黄芽	产于浙江省德清县西北部	外形细嫩，芽壮毫显，色泽嫩黄油润；内质汤色嫩黄，芳香幽雅，滋味鲜爽，叶底明亮成朵
建德苞茶	产于浙江省建德市梅城附近的山岭中及三都的深山峡谷内	外形芽叶成朵，茶芽满披茸毫，并带金黄鱼片和红蒂头，色泽黄绿；内质冲泡杯中，叶柄朝下，芽头朝上，浮沉杯中犹如天女散花。汤色橙黄，香气清幽，滋味鲜醇，叶底嫩匀成朵

2. 实训考核

考核评分表

班级：　　　　　　　小组：　　　　　　实训内容：名优黄茶品鉴

序号	茶叶名称	价格	外形	香气	汤色	滋味	叶底	应得分	教师评分
1	君山银针							20 分	
2	北港毛尖							20 分	
3	蒙顶黄芽							15 分	
4	温州黄汤							15 分	
5	莫干黄芽							15 分	
6	建德苞茶							15 分	
合计								100 分	

日期：　年　　月　　日　　　　　　　　　　教师：

四、反馈练习

1. 黄茶按照鲜叶老嫩及芽叶大小不同可分为哪几类？

2. 黄茶基本的制作工艺有哪些？

3. 简述君山银针、北港毛尖、蒙顶黄芽、温州黄汤、莫干黄芽、建德苞茶 6 种茶不同的品质特征。

教学反思

<table>
<tr><td colspan="2">模块二　茶叶基础知识
任务四　白茶鉴赏
第　　课时</td><td>个案改错</td></tr>
<tr><td>学习目标</td><td>1. 了解白茶的加工工艺。
2. 掌握白茶的分类。
3. 掌握白茶品质的感官审评指标。
4. 掌握白茶的品鉴方法。
5. 掌握白毫银针、白牡丹、寿眉、福建雪芽、贡眉、新工艺白茶等主要名优白茶品质之间的差异。</td><td rowspan="4"></td></tr>
<tr><td>学习重点</td><td>白茶的加工工艺及白茶的分类。</td></tr>
<tr><td>学习难点</td><td>白茶品质的感官审评指标，掌握白茶的品鉴方法。</td></tr>
<tr><td colspan="2">

一、自主学习

上节课知识练习（表格填写）：

名称	产地	品质特征
君山银针		
北港毛尖		
蒙顶黄芽		
温州黄汤		
莫干黄芽		
建德苞茶		

二、合作探究

活动一：

1. 学生通过收集资料，分小组探讨白茶的加工工艺及分类（教师讲解，学生总结归纳重点）。

加工工艺：

</td></tr>
</table>

分类：

2. 教师展示并讲解各类白茶的品质特征。

活动二：

1. 教师指导下进行白茶感官审评。

2. 学生在教师指导下品鉴白茶代表茶：白毫银针、白牡丹、寿眉、福建雪芽、贡眉、新工艺白茶。

（1）准备冲泡白茶的茶具。

（2）依次品鉴。

（3）洁具、收具。

三、目标检测

1. 实训内容

名优白茶品鉴

名称	产地	品质特征
白毫银针	福建省福鼎市与政和县	外形芽针肥壮，满披白毫；内质汤色清澈晶亮，呈浅杏黄色，香气清鲜，毫香显露，滋味鲜爽微甜，叶底银白，芽针完整。以透明玻璃杯品饮，用上投法泡，初为“银霜满地”，后茶芽吸水，沉浮错落有致，条条挺立，上下交错，望之如石乳，蔚为奇观
白牡丹	福建省政和、建阳、福鼎等县市	外形叶态自然，叶色面绿背白，有“青天白地”之称，叶脉微红，夹于绿叶、白毫之中，又有“红装素裹”之誉；内质汤色清纯，毫香明显，滋味甜醉，叶底成朵匀齐
寿眉	福建省福鼎市与政和县	外形毫心多而肥壮，叶张幼嫩，芽叶连枝，叶态紧卷如眉，匀整，破张少，色泽灰绿或墨绿，色泽调和，洁净，无老梗、枳及腊叶；内质香气鲜爽，汤色浅橙黄，清澈，滋味清甜醇爽，叶底叶色黄绿，叶质柔软匀亮
福建雪芽	福建省福安县	外形芽多，枝状，自然开展，肥壮披毫，色银白带绿；内质汤色黄绿明亮，香高醇正，滋味鲜醇，叶底嫩匀、黄绿明亮

贡眉	福建省南平市建阳区	毫心明显，茸毫色白且多，干茶色泽翠绿，冲泡后汤色呈橙色或深黄色，叶底匀整、柔软、鲜亮，叶片迎光看去，可透视出主脉的红色，品饮时感觉滋味醇爽、香气鲜醇
新工艺白茶	福建省福鼎市及周边地区	外形条索卷曲，较粗松，匀整、洁净、有嫩梗，褐绿色；内质汤色橙红，清香味浓，叶底匀整舒展

2. 实训考核

考核评分表

班级：　　　　　　　　　　　　小组：　　　　　　　　　　　　实训内容：名优白茶品鉴

序号	茶叶名称	价格	外形	香气	汤色	滋味	叶底	应得分	教师评分
1	白毫银针							20分	
2	白牡丹							20分	
3	寿眉							15分	
4	福建雪芽							15分	
5	贡眉							15分	
6	新工艺白茶							15分	
合计								100分	

日期：　年　月　日　　　　　　　　　　　　　　　　　　教师：

四、反馈练习

1. 白茶按照采摘标准不同可分为哪几类？

2. 白茶基本的制作工艺有哪些？

3. 简述白毫银针、白牡丹、寿眉、福建雪芽、贡眉、新工艺白茶6种茶不同的品质特征。

教学反思

模块二　茶叶基础知识

任务五　青茶鉴赏

第　　课时

个案改错

学习目标	1. 了解青茶的加工工艺。 2. 掌握青茶的分类。 3. 掌握青茶品质的感官审评指标。 4. 掌握青茶的品鉴方法。 5. 掌握大红袍、铁罗汉、桂花香单丛、通天香单丛、冻顶乌龙、安溪铁观音等主要名优青茶品质之间的差异。
学习重点	青茶的加工工艺及青茶的分类。
学习难点	青茶品质的感官审评指标，掌握青茶的品鉴方法。

一、自主学习

上节课知识练习（表格填写）：

名称	产地	品质特征
白毫银针		
白牡丹		
寿眉		
福建雪芽		
贡眉		
新工艺白茶		

二、合作探究

活动一：

1. 学生通过收集资料，分小组探讨青茶的加工工艺及分类（教师讲解，学生总结归纳重点）。

加工工艺：

分类：

2. 教师展示并讲解各类青茶的品质特征。

活动二：

1. 学生在教师指导下进行青茶感官审评。

2. 学生在教师指导下品鉴青茶代表茶：大红袍、铁罗汉、桂花香单丛、通天香单丛、冻顶乌龙、安溪铁观音。

（1）准备冲泡青茶的茶具。

（2）依次品鉴。

（3）洁具、收具。

三、目标检测

1. 实训内容

名优青茶品鉴

名称	产地	品质特征
大红袍	福建省武夷山风景区内	外形条索紧实，色泽绿褐油润；内质汤色红黄明亮，香气馥郁似桂花香，岩韵显露，香味独特，滋味醇厚回甘，耐冲泡
铁罗汉	福建省武夷山慧苑岩和三仰峰下的竹窠岩	外形条索紧结，色泽褐润；内质汤色红黄明亮，香气馥郁悠长，岩韵突出，滋味醇厚回甘，耐冲泡
桂花香单丛	广东省潮州市潮安区凤凰镇	外形条索紧直匀齐，色泽乌润微带黄褐；内质汤色橙黄明亮，香气清高浓郁甜长，具有天然桂花香，滋味醇厚甘滑，耐冲泡，山韵风格突出
通天香单丛	广东省湖州市	外形条索紧直，鳝鱼色；内质汤色金黄明亮，香气清高，具有自然的姜花香味，滋味醉爽、耐泡
冻顶乌龙	台湾地区南投县鹿谷乡冻顶山麓一带	外形条索半球形而紧结整齐，色泽新鲜墨绿；内质汤色金黄澄清明丽，香气清香扑鼻，滋味圆滑醇厚，入喉甘润，韵味无穷

安溪铁观音	福建省安溪县西坪、饶阳乡	外形卷曲呈螺旋形，肥壮圆结，沉重匀整，色泽砂绿油润带白，具蜻蜓头、螺旋体、青蛙腿，青腹绿底俗称“香蕉色”；内质汤色金黄，浓艳清道，泡饮时香气酸郁芬芳，高锐持久，有天然的花香，滋味浓厚甘鲜，凹味悠长，有“香、清、甘、活”的品质特征，有“七泡有余香”之誉，俗称“观音韵”，叶底肥厚明亮，呈绸面光泽，边缘下垂，红边显

2. 实训考核

考核评分表

班级：　　　　　　　　　　　小组：　　　　　　　　　　　实训内容：名优青茶品鉴

序号	茶叶名称	价格	外形	香气	汤色	滋味	叶底	应得分	教师评分
1	大红袍							20 分	
2	铁罗汉							20 分	
3	桂花香单丛							15 分	
4	通天香单丛							15 分	
5	冻顶乌龙							15 分	
6	安溪铁观音							15 分	
合计								100 分	

日期：　年　月　日　　　　　　　　　　　　　　　　教师：

四、反馈练习

1. 青茶按茶叶外形的不同可分为哪几类？

2. 青茶基本的制作工艺有哪些？

3. 简述大红袍、铁罗汉、桂花香单丛、通天香单丛、冻顶乌龙、安溪铁观音6种茶不同的品质特征。

教学反思

茶艺导学案

模块二　茶叶基础知识

任务六　红茶鉴赏

第　　课时

个案改错

学习目标	1. 了解红茶的加工工艺。 2. 掌握红茶的分类。 3. 掌握红茶品质的感官审评指标。 4. 掌握红茶的品鉴方法。 5. 掌握祁红工夫茶、滇红工夫茶、英红工夫茶、宜红工夫茶、宁红工夫茶、川红工夫茶等主要名优红茶品质之间的差异。
学习重点	红茶的加工工艺及红茶的分类。
学习难点	红茶品质的感官审评指标，掌握红茶的品鉴方法。

一、自主学习

上节课知识练习（表格填写）：

名称	产地	品质特征
大红袍		
铁罗汉		
桂花香单丛		
通天香单丛		
冻顶乌龙		
安溪铁观音		

二、合作探究

活动一：

1. 学生通过收集资料，分小组探讨红茶的加工工艺及分类（教师讲解，学生总结归纳重点）。

加工工艺：

分类：

2. 教师展示并讲解各类红茶的品质特征。

活动二：

1. 学生在教师指导下进行红茶感官审评。

2. 学生在教师指导下品鉴红茶代表茶：祁红工夫茶、滇红工夫茶、英红工夫茶、闽红工夫茶、宜红工夫茶、宁红工夫茶、川红工夫茶。

（1）准备冲泡红茶的茶具。

（2）依次品鉴。

（3）洁具、收具。

三、目标检测

1. 实训内容

优质红茶品鉴

名称	产地	品质特征	图片参考
祁红工夫茶	安徽省祁门县	外形条索紧细，有锋苗，显毫，色泽乌润；内质汤色红艳、明亮，香气丰富，有兰花香、蜜糖香、果香等，口感醇、鲜、爽，滋味醇厚是最主要的特点 叶底的特征：铜红、亮、匀、嫩。从叶底也可看出等级茶之间的差异	 祁红
滇红工夫茶	云南省凤庆、临沧、双江、云县、昌宁、镇康等地	外形芽叶肥壮，苗锋秀丽完整，金毫显露；内质汤色（红艳：重发酵；橙黄或橙红：中度发酵），香气馥郁、甜醇，滋味鲜爽浓强，叶底红亮	 滇红

英红工夫茶	广东省英德市	外形匀净优美，身骨紧实，色泽乌黑油润，金毫显露；内质汤色红艳，香气浓郁，以秋茶高香为最，滋味浓烈，叶底明亮	 英红
闽红工夫茶	政和工夫、坦洋工夫和白琳工夫的统称，均为福建特产	外形条索肥壮、重实、匀齐，色泽乌黑油润，毫芽显露，呈金黄色，极为美观；内质香气浓郁芬芳，颇似紫罗兰香，汤色红艳，滋味醇厚	 闽红
宜红工夫茶	湖北省宜昌、恩施、宜都、鹤峰等地	外形颗粒重实；内质汤色红艳，香味强烈鲜爽、浓厚（浓、强、艳皆备），色香味俱佳	 宜红
宁红工夫茶	江西省修水、武宁、铜鼓等地	外形条索紧结圆直，锋苗挺拔，略显红筋，色乌略红，光润；内质汤色红亮，香高持久，滋味醇厚甘爽，叶底红匀	 宁红
川红工夫茶	四川省宜宾、筠连、高县等地	外形肥壮圆紧，有锋苗，乌黑油润，显金豪；内质汤色红亮，香气清鲜甜醇，滋味鲜醇爽口，叶底红明匀整	 川红

2. 实训考核

考核评分表

班级：　　　　　　　　小组：　　　　　　　　实训内容：名优红茶品鉴

序号	茶叶名称	价格	外形	香气	汤色	滋味	叶底	应得分	教师评分
1	祁红							10 分	
2	滇红							15 分	
3	英红							15 分	
4	闽红							15 分	
5	宜红							15 分	
6	宁红							15 分	
7	川红							15 分	
合计								100 分	

日期：　年　月　日　　　　　　　　　　　　教师：

四、反馈练习

1. 红茶按加工工艺的不同可分为哪几类？

2. 红茶基本的制作工艺有哪些？

3. 简述祁红、滇红、英红、闽红、宜红、宁红、川红 7 种茶不同的品质特征。

教学反思

茶艺导学案

模块二　茶叶基础知识 **任务七　黑茶鉴赏** 第　　课时		个案改错
学习目标	1. 了解黑茶的加工工艺。 2. 掌握黑茶的分类。 3. 掌握黑茶品质的感官审评指标。 4. 掌握黑茶的品鉴方法。 5. 掌握云南沱茶、七子饼茶、紧茶、普洱方茶、六堡茶、安化黑茶等主要名优黑茶品质之间的差异。	
学习重点	黑茶的加工工艺及黑茶的分类。	
学习难点	黑茶品质的感官审评指标，掌握黑茶的品鉴方法。	

一、自主学习

上节课知识练习（表格填写）：

名称	产地	品质特征	图片参考
祁红工夫茶			 名称：
滇红工夫茶			 名称：

英红工夫茶			 名称：
闽红工夫茶			 名称：
宜红工夫茶			 名称：
宁红工夫茶			 名称：
川红工夫茶			 名称：

二、合作探究

活动一：

1. 学生通过收集资料，分小组探讨黑茶的加工工艺及分类（教师讲解，学生总结归纳重点）。

加工工艺：

分类：

2. 教师展示并讲解各类黑茶的品质特征。

活动二：

1. 学生在教师指导下进行黑茶感官审评。

2. 学生在教师指导下品鉴黑茶代表茶：云南沱茶、七子饼茶、紧茶、普洱方茶、六堡茶、安化黑茶。

（1）准备冲泡黑茶的茶具。

（2）依次品鉴。

（3）洁具、收具。

三、目标检测

1. 实训内容

名优黑茶品鉴

名称	产地	品质特征
云南沱茶	云南省景谷县，又称“谷茶”	外形碗臼状，紧实、光滑，色泽乌润，白毫显；内质汤色橙黄明亮，香气醇浓馥郁，滋味浓厚，喉味回甘，叶底嫩匀尚亮
七子饼茶	云南省下关	外形端正，切口平整，色泽尚乌，有白毫；内质汤色橙黄，香气醇和，滋味醇正，叶底尚嫩、欠匀
紧茶	云南省紧景谷、勐海和下关等地	外形长方形小砖块（或心脏形），表面紧实、厚薄均匀，砖形端正，色泽尚乌润，有白毫；内质汤色橙红尚明，香气醇正，滋味浓厚，叶底尚嫩欠匀
普洱方茶	云南省西双版纳勐海茶厂和昆明茶厂	外形平整，色泽乌润，白毫显露；内质汤色橙黄明亮，香气醇浓，滋味浓厚，叶底嫩匀尚亮
六堡茶	广西壮族自治区梧州市苍梧县六堡乡	外形条索长整紧结，叶色褐黑光润，间有黄花点，叶底红褐；内质汤色红浓，香气陈厚，滋味甘醇可口，正统应带松烟和槟榔味，叶底铜褐色。以“红、浓、陈、醇”四绝著称，有其独特的“中国红”

安化黑茶	湖南省安化县	外形条索卷折成泥鳅状，砖面端正完整、棱角分明，散茶条索均匀，色泽黑中带褐色，陈年安化黑茶颜色偏棕红色；滋味浓厚略带色，香气醇厚，隐带松烟香

2. 实训考核

考核评分表

班级：　　　　　　　　小组：　　　　　　　　实训内容：名优黑茶品鉴

序号	茶叶名称	价格	外形	香气	汤色	滋味	叶底	应得分	教师评分
1	云南沱茶							15 分	
2	七子饼茶							20 分	
3	紧茶							15 分	
4	普洱方茶							15 分	
5	六堡茶							15 分	
6	安化黑茶							20 分	
合计								100 分	

日期：　年　月　日　　　　　　　　　　　　教师：

四、反馈练习

1. 黑茶按产地的不同可分为哪几类？

2. 黑茶基本的制作工艺有哪些？

3. 简述云南沱茶、七子饼茶、紧茶、普洱方茶、六堡茶、安化黑茶 6 种茶不同的品质特征。

教学反思

茶艺导学案

模块二　茶叶基础知识

任务八　花茶鉴赏

第　　课时

个案改错

学习目标	1. 了解花茶的加工工艺。 2. 掌握花茶的分类。 3. 掌握花茶品质的感官审评指标。 4. 掌握花茶的品鉴方法。 5. 掌握碧潭飘雪、碧池兰妃、珠兰花茶、桂花乌龙、小青柑茶等主要名优花茶品质之间的差异。
学习重点	花茶的加工工艺及花茶的分类。
学习难点	花茶品质的感官审评指标；掌握花茶的品鉴方法。

一、自主学习

上节课知识练习（表格填写）：

名称	产地	品质特征
云南沱茶		
七子饼茶		
紧茶		
普洱方茶		
六堡茶		
安化黑茶		

二、合作探究

活动一：

1. 学生通过收集资料，分小组探讨花茶的加工工艺及分类（教师讲解，学生总结归纳重点）。

加工工艺：

分类：

2. 教师展示并讲解各类花茶的品质特征。

活动二：

1. 学生在教师指导下进行花茶感官审评。

2. 学生在教师指导下品鉴花茶代表茶：碧潭飘雪、碧池兰妃、珠兰花茶、桂花乌龙、小青柑茶。

（1）准备冲泡花茶的茶具。

（2）依次品鉴。

（3）洁具、收具。

三、目标检测

1. 实训内容

优质花茶品鉴

名称	产地	窨花/茶品	品质特征
碧潭飘雪	四川省	茉莉花/优质绿茶	外形紧细挺秀，白毫显露；内质香气持久清悠，品味高雅，茶汤黄亮清澈，回味甘醇。采用早春嫩芽为茶坯，与含苞未放的茉莉鲜花混合窨制而成，花香、茶香交融，并保留干花瓣在茶中。朵朵白花漂浮其上如同天降瑞雪，颇具观赏性和美感
碧池兰妃	四川省	春兰/优质绿茶	外形条索细卷呈弯钩状，梗嫩芽壮，叶质厚实，芽叶成朵，色泽翠绿匀润，毫峰显露；内质兰花香型，鲜爽持久，滋味甘醇，汤色嫩绿明净，泛浅金黄色光泽，叶底匀整，呈嫩黄绿色
珠兰花茶	安徽省	珠兰/绿茶	外形条索紧细匀整，色泽墨绿油润，花粒黄中透绿；内质香气清纯隽永，滋味鲜爽回甘，汤色淡黄透明，叶底黄绿细嫩
桂花乌龙	广东省	桂花/乌龙茶	外形条索紧细，色泽润亮；内质香气幽雅鲜爽、高压隽永，带桂花香型，滋味纯细甘鲜，汤色金黄明亮，叶底中央黄绿，边沿朱红，柔软明亮
小青柑茶	云南省	小青柑/普洱茶	茶汤入口顺滑，透亮，呈酒红色，口感清冽，回味绵长，入口微苦，苦过回甘

2. 实训考核

考核评分表

班级：　　　　　　　　　　小组：　　　　　　　　　　实训内容：名优花茶品鉴

序号	茶叶名称	价格	外形	香气	汤色	滋味	叶底	应得分	教师评分
1	碧潭飘雪							20 分	
2	碧池兰妃							20 分	
3	珠兰花茶							20 分	
4	桂花乌龙							20 分	
5	小青柑茶							20 分	
合计								100 分	

日期：　年　月　日　　　　　　　　　　教师：

四、反馈练习

1. 花茶按产地的不同可分为哪几类？

2. 花茶基本的制作工艺有哪些？

3. 简述碧潭飘雪、碧池兰妃、珠兰花茶、桂花乌龙、小青柑茶 5 种茶不同的品质特征。

教学反思

模块三

茶具基础知识

模块三　茶具基础知识

任务一　茶具识别

第　　课时

个案改错

学习目标	1. 了解茶具的分类，熟悉常见用具的名称及功用。 2. 了解我国古代、近代及少数民族传统样式的茶具配置。 3. 掌握紫砂茶具的护养。 4. 掌握六大茶类茶具的配置，学会组合不同品茗环境下的茶具并配置茶果。
学习重点	常见用具的名称及功用。
学习难点	紫砂茶具的护养。

一、自主学习

上节课知识练习（表格填写）：

名称	产地	窨花/茶品	品质特征
碧潭飘雪			
碧池兰妃			
珠兰花茶			
桂花乌龙			
小青柑茶			

二、合作探究

活动一：

1. 学生通过收集资料，分小组探讨茶具的分类（教师讲解，学生总结归纳重点）。

2. 茶具鉴赏，并填写名称。

名称：	名称：	名称：

名称：	名称：	名称：

活动二：

1. 学生准备茶具，教师展示并讲解备水器具、泡茶器具、品茶器具、辅助器具的名称及功能。

2. 收拾茶具。

三、目标检测

1. 实训内容

茶具组成与功能

茶具组成	名　称	功能说明
备水器具	煮水器（也称随手泡、煮水壶）	为泡茶而烧水的器具
	消毒锅	用于茶具煮沸消毒
泡茶器具	茶壶、盖碗、煮茶器	泡茶主器
	茶杯（包括玻璃杯、飘逸杯等）	泡茶兼具品饮
品茶器具	闻香杯	专用于嗅闻茶汤留杯的香气和持久性
	品茗杯	用来品尝茶汤的滋味，兼具嗅闻茶香
	茶海（也称公道杯、茶盅）	分茶器，兼具均匀茶汤的浓淡和储放茶汤

辅助器具	茶叶罐	用来储放泡茶需用的茶叶
	茶则	用于取茶，兼具鉴赏干茶及确保投茶量准确等
	茶匙（也称茶拨）	用于将干茶拨入泡茶器
	茶荷	鉴赏干茶，兼具置茶入壶的功能
	壶承（也称壶垫）	垫放紫砂壶
	盖置	放置紫砂壶盖或盖碗盖
	水盂	盛装废水
	茶针	疏通壶嘴,用于紫砂壶泡茶堵塞壶嘴时
	茶漏	放于紫砂壶的壶口，置茶时防止外漏
	茶夹	用来夹闻香杯和品茗杯
	茶滤	过滤茶渣
	茶叉	用来取倒入了茶汤的品茗杯
	茶巾	擦拭、清洁茶具
	奉茶盘	用于敬奉香茗时放置茶杯
	茶刀	开启紧压茶
	壶刷	清洁茶壶

2. 实训考核

考核评分表

班级：　　　　　　小组：　　　　　　　　　　　考核内容：茶具识别

测试内容	应得分	组长评分	教师评分
备水器具识别与功能	20 分		
泡茶器具识别与功能	20 分		
品茶器具识别与功能	20 分		
辅助器具识别与功能	40 分		
合计	100 分		

日期：　年　月　日　　　　　　　　　　　　　　教师：

四、反馈练习

1. 茶具按材质可分为哪些类型？

2. 茶具按功能可分为哪些类型？

3. 紫砂壶如何选购？如何保养？	
教学反思	

模块三　茶具基础知识 **任务二　茶具适配** 第　　　课时		个案改错
学习目标	1. 了解地方习俗的茶具配备。 2. 了解少数民族传统样式的茶具配置。 3. 掌握茶具配置。	
学习重点	地方习俗的茶具配备。	
学习难点	少数民族传统样式的茶具配置。	

一、自主学习

上节课知识练习（表格填写）:

	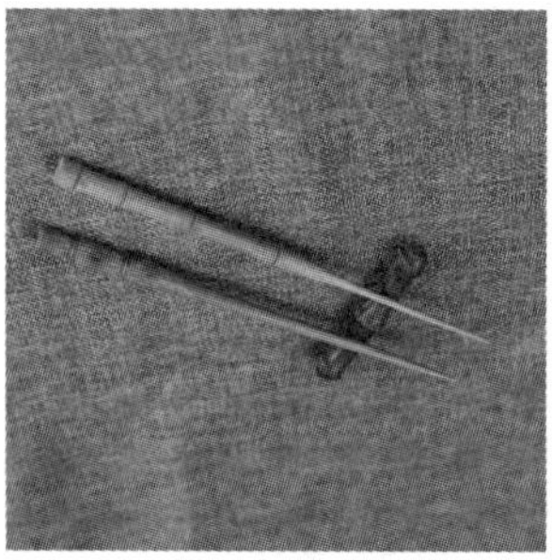	
名称:	名称:	名称:
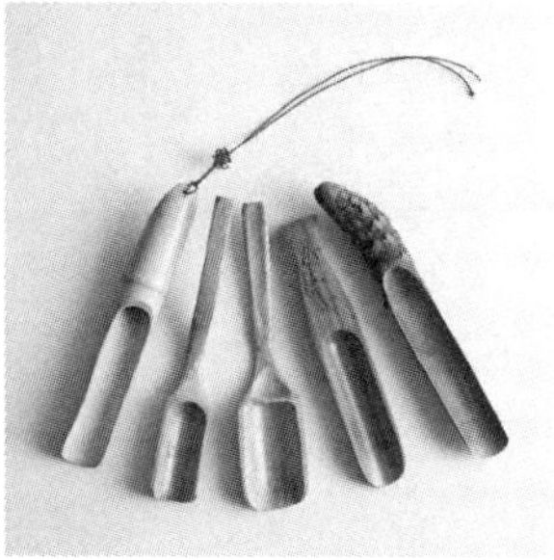		
名称:	名称:	名称:

二、合作探究

活动一：

1. 学生通过收集资料，分小组探讨各地传统习俗的茶器组合和少数民族茶具传统配置（教师讲解，学生归纳总结重点）。

活动二：

1. 学生在教师指导下进行茶器适配。

2. 教师讲解茶具配置的原则。

三、目标检测

1. 实训内容

六大基本茶类与花茶的茶具适配

茶类	主泡器与饮茶具配置	说明
1. 绿茶	名优绿茶： （1）无盖玻璃杯 （2）玻璃盖碗、白瓷盖碗等（配：茶海、品茗杯）	名优绿茶芽叶细嫩、外形独特。用无盖杯不致闷坏茶叶，玻璃材质可欣赏干茶入杯后，慢慢舒展、翩翩起舞的茶趣
	中档绿茶：瓷杯、盖碗等	中档茶叶外形欠佳，但茶味及香气尚可，不透明的茶具正好扬长避短
2. 黄茶	（1）玻璃杯 （2）玻璃壶、骨瓷盖碗等（配：品茗杯）	黄茶多为高品质茶，如代表茶君山银针，有三起三落的动态美，透明茶具更具观赏性
3. 白茶	新白毫银针、白牡丹：盖碗（配：茶海、品茗杯）	新白茶，尤其是嫩芽叶新鲜娇嫩，更有活力，盖碗冲泡有利于新白茶散发出清雅花香与香浓甘甜
	寿眉、老白茶：铁壶、陶壶、耐高温玻璃壶（配：茶滤、茶海、品茗杯）	3 年以上的老白茶，内涵物质有所变化，用壶煮，茶味更佳，老白茶的功效也更能发挥出来

4. 青茶（乌龙茶）	球形青茶：紫砂壶（配：茶滤、茶海、闻香杯、品茗杯）	乌龙茶对冲泡的水温要求在 95～100 °C，而紫砂壶有较好的保温能力，可以使乌龙茶的香味不易散失
	条索形青茶：盖碗（配：茶滤、茶海、闻香杯、品茗杯）	茶叶肥大，条索较长，敞口的盖碗能在冲泡时保持茶形，同时可以根据茶友对香气、滋味的要求，自我调节
5. 红茶	（1）红茶专用冲泡器 （2）白瓷盖碗、玻璃盖碗（配：品茗杯）	白瓷及玻璃类茶具最能衬托红茶明亮红艳的汤色
6. 黑茶	熟普或陈年普洱茶：古朴的土陶壶、盖碗、紫砂壶、盖杯等（配：茶滤、茶海、品茗杯）	古朴的茶具与质感，与陈年的普洱茶相得益彰
	生普洱：白瓷或玻璃盖碗、盖杯等（配：茶滤、茶海、品茗杯）	盖碗能很好地调节生普洱的香气与滋味
	安化黑茶：黑茶专用蒸茶器、煮茶器、铁壶、陶壶（配：品茗杯）	有一定年份的茶，煮茶方能将其品质完美地呈现出来
7. 花茶	名优花茶： （1）无盖玻璃杯 （2）玻璃壶、玻璃盖碗、白瓷或青花盖碗等（配：品茗杯）	名优花茶通常具有很高的观赏性
	普通花茶： （1）盖杯 （2）瓷壶（配：品茗杯）	普通花茶重在闻其花香，尝其浓郁的口感，而观赏性不强

2. 实训考核

考核评分表

班级：　　　　　　小组：　　　　　　考核内容：茶具适配

测试内容	应得分	组内互评	教师评分
名优绿茶茶具配置	10 分		
普通绿茶茶具配置	10 分		
黄茶茶具配置	10 分		
新白茶茶具配置	10 分		
老白茶茶具配置	10 分		
球形青茶茶具配置	10 分		
条索形青茶茶具配置	10 分		

红茶茶具配置	10 分		
黑茶茶具配置	10 分		
花茶茶具配置	10 分		
合计	100 分		

日期： 年 月 日 教师：

四、反馈练习

1. 说说各地茶具配置习俗。

2. 练习各种茶具的使用方法。

3. 具有观赏性的新茶与陈年茶在茶具选择上要考虑什么因素？

教学反思

模块四

茶叶冲泡技艺

茶艺导学案

模块四　茶叶冲泡技艺 任务一　绿茶冲泡技艺 第　　　课时		个案改错
学习目标	1. 了解绿茶的基本特性。 2. 熟悉绿茶适宜与禁忌的人群。 3. 掌握根据不同特质的绿茶采用不同的冲泡技术。 4. 掌握玻璃杯冲泡法的基本手法及基本程序。	
学习重点	绿茶的基本特性。	
学习难点	玻璃杯冲泡法的基本手法及基本程序。	

一、自主学习

上节课知识练习（表格填写）：

六大基本茶类与花茶的茶器适配

茶类	主泡器与饮茶具配置
1. 绿茶	
2. 黄茶	
3. 白茶	
4. 青茶 （乌龙茶）	
5. 红茶	
6. 黑茶	
7. 花茶	

二、合作探究

活动一：

1. 学生通过收集资料，分小组探讨绿茶的相关知识（教师讲解，学生归纳总结重点）。

2. 学生根据茶叶准备茶具（填写准备的茶具名称）。

3. 教师示范并讲解冲泡绿茶的步骤与要领。

活动二：

1. 学生练习冲泡绿茶的技艺。

2. 学生完成实训报告。

3. 学生洁具、收具。

三、目标检测

1. 实训内容

优质绿茶冲泡步骤与操作要求

步骤	操作要求
1. 准备茶具	①将玻璃杯按“一”字形或“品”字形摆放在茶盘的中心位置。 ②将烧开的水倒入开水壶中凉汤备用。 ③将茶巾折叠整齐备用
2. 赏茶	①用茶匙将茶叶从茶叶罐中轻轻拨入茶荷。 ②将茶荷双手捧起，送至客人面前请客人欣赏干茶外形及香气。 ③用简短的语言介绍即将冲泡的茶叶的品质特征和文化背景
3. 温杯洁具	①将水注入杯中 1/3，三杯水量要均匀，注水时采用逆时针悬壶手法。 ②左手伸平，掌心微凹，右手端杯底，将水杯平放在左手上，双手向前搓动，用滚杯的手法将水倒入水盂

4. 置茶	① 置茶方法：左手拿茶荷，右手拿茶匙，动作不急不缓，避免将茶叶洒在杯外。 ② 根据茶叶特点采用不同的投茶方式。 上投法（适合极为细嫩的茶叶）：将水注入杯中七分满，将干茶轻轻拨入已经冲水的玻璃杯中。 中投法（适合肥壮的嫩芽茶）：将水注入杯中 1/3 处，将干茶拨入已冲水的玻璃杯。 下投法（适合普通茶叶）：将干茶轻轻拨入杯中。 ③ 茶叶用量一般以每 50 mL 水用茶 1 g 为宜
5. 温润泡	① 将开水降温至 85～90 °C 后倾入杯中 1/3，注意开水注入时不要直接浇在茶叶上，应打在玻璃杯的内壁上，以免烫坏茶叶。 ② 左手托杯底，右手扶杯身，以逆时针方向回旋三圈，使茶叶充分浸润。 ③ 此泡时间掌握在 15 s
6. 冲水	① 用“凤凰三点头”的手法高冲注水。 ② 操作要领：右手提开水壶有节奏地由低向高反复点三下，使茶壶三起三落而水流并不间断，水量控制在杯子的七分满，使开水充分激荡茶叶，加速茶叶中有益物质的溶出
7. 敬茶	① 右手轻握杯身（注意不要捏杯口），左手托杯底，双手将茶送到客人面前，放在方便客人提取品饮的位置。 ② 茶放好后，向客人伸出右手，做出“请”的手势，或说一声“请品茶”
8. 品饮续杯	① 当客人杯中茶水余 1/3 时，需要及时续水。 ② 绿茶冲泡次数通常为三泡
9. 洁具、收具	清洗干净，整齐摆放在茶盘上，用茶巾将茶盘擦拭干净

2. 实训考核

绿茶冲泡达标考核表

班级：　　　　学号：　　　　姓名：　　　　考核内容：绿茶冲泡技艺

序号	项目	分值	扣分	实际得分
1	备具	10 分		
2	流程	20 分		
3	操作手法	10 分		
4	茶叶用量	10 分		
5	泡茶水温	10 分		
6	泡茶时间	20 分		

7	表情、仪态	10 分		
8	礼仪	10 分		
合计		100 分		

日期：　年　月　日　　　　　　　　　　　　教师：

四、反馈练习

1. 哪些人群适宜喝绿茶？

2. 不适宜喝绿茶的人群有哪些？

3. 优质绿茶冲泡时，如何选择茶具？如何把握茶叶用量、泡茶水温、冲泡时间？

教学反思

模块四　茶叶冲泡技艺

任务二　黄茶冲泡技艺

第　　课时

个案改错

学习目标	1. 了解黄茶的基本特性。 2. 熟悉黄茶适宜与禁忌的人群。 3. 掌握根据不同特质的黄茶采用不同的冲泡技术。 4. 掌握玻璃杯冲泡法的基本手法及基本程序。
学习重点	黄茶的基本特性。
学习难点	玻璃杯冲泡法的基本手法及基本程序。

一、自主学习

上节课知识练习（简答题）：

1. 优质绿茶冲泡时，如何选择茶具？

2. 如何把握茶叶用量、泡茶水温、冲泡时间？

二、合作探究

活动一：

1. 学生通过收集资料，分小组探讨黄茶的相关知识（教师讲解，学生归纳总结重点）。

2. 学生根据茶叶准备茶具（填写准备的茶具名称）。

3. 教师示范并讲解冲泡黄茶的步骤与要领。

活动二：

1. 学生练习冲泡黄茶的技艺。

2. 学生完成实训报告。

3. 学生洁具、收具。

三、目标检测

1. 实训内容

黄茶冲泡步骤与操作要求

步骤	操作要求
1. 备具	① 将盖碗与品茗杯按弧形摆放在茶盘的中心位置。 ② 将烧开的水倒入开水壶中凉汤备用。 ③ 将茶巾折叠整齐备用
2. 赏茶	① 用茶匙将茶叶从茶叶罐中轻轻拨入茶荷。 ② 将茶荷双手捧起，送至客人面前请客人欣赏干茶外形及香气。 ③ 用简短的语言介绍即将冲泡的茶叶的品质特征和文化背景
3. 温杯	① 将杯盖斜靠在杯托上，注入少量热水。 ② 盖上杯盖，转动盖杯温烫杯身
4. 凉汤	将开水降温至 80 °C
5. 置茶	将茶叶拨入盖碗中，投茶量为每 50 mL 水用茶 1 g
6. 摇茶	① 用单手或双手回旋冲泡法，将适温的开水依次向盖碗内注入约容量的 1/4。 ② 盖上碗盖，左手托杯底，右手扶杯盖，以逆时针的方向回旋三圈，使茶叶充分浸润。 ③ 此泡时间掌握在 10 s 左右
7. 冲水	右手提壶，用高冲水的手法注水至杯子的七分满
8. 敬茶	双手持品茗杯托将茶奉给客人
9. 品饮	送至鼻前闻香：分三口品饮
10. 收具	将客人不再使用的杯子清洗干净，整齐摆放在茶盘上，用茶巾将茶盘擦拭干净

2. 实训考核

黄茶冲泡达标考核表

班级：　　　　学号：　　　　姓名：　　　　考核内容：黄茶冲泡技艺

序号	项目	分值	扣分	实际得分
1	备具	10 分		
2	流程	20 分		
3	操作手法	10 分		
4	茶叶用量	10 分		
5	泡茶水温	10 分		
6	泡茶时间	20 分		
7	表情、仪态	10 分		
8	礼仪	10 分		
合计		100 分		

日期：　年　月　日　　　　教师：

四、反馈练习

1. 哪些人群适宜喝黄茶？

2. 不适宜喝黄茶的人群有哪些？

3. 优质黄茶冲泡时，如何选择茶具？如何把握茶叶用量、泡茶水温、冲泡时间？

教学反思

模块四　茶叶冲泡技艺

任务三　白茶冲泡技艺

第　　课时

个案改错

学习目标	1. 了解白茶的基本情况。 2. 熟悉新、老白茶适宜与禁忌的人群。 3. 熟悉新、老白茶的冲泡方法。 4. 根据新、老白茶特质采用合适的冲泡手法及基本程序。
学习重点	白茶的基本情况。
学习难度	新、老白茶的冲泡方法。

一、自主学习

上节课知识练习（填写表格中的步骤）：

步骤	操作要求
	①将盖碗与品茗杯按弧形摆放在茶盘的中心位置。 ②将烧开的水倒入开水壶中凉汤备用。 ③将茶巾折叠整齐备用
	①用茶匙将茶叶从茶叶罐中轻轻拨入茶荷。 ②将茶荷双手捧起，送至客人面前请客人欣赏干茶外形及香气。 ③用简短的语言介绍即将冲泡的茶叶的品质特征和文化背景
	①将杯盖斜靠在杯托上，注入少量热水。 ②盖上杯盖，转动盖杯温烫杯身
	将开水降温至 80 °C
	将茶叶拨入盖碗中，投茶量为每 50 mL 水用茶 1 g
	①用单手或双手回旋冲泡法，将适温的开水依次向盖碗内注入约容量的 1/4。 ②盖上碗盖，左手托杯底，右手扶杯盖，以逆时针的方向回旋三圈，使茶叶充分浸润。 ③此泡时间掌握在 10 s 左右
	右手提壶，用高冲水的手法注水至杯子的七分满
	双手持品茗杯托将茶奉给客人
	送至鼻前闻香：分三口品饮
	将客人不再使用的杯子清洗干净，整齐摆放在茶盘上，用茶巾将茶盘擦拭干净

二、合作探究

活动一：

1. 学生通过收集资料，分小组探讨白茶相关知识（教师讲解，学生归纳总结重点）。

2. 学生根据茶叶准备茶具（填写准备的茶具名称）。

3. 教师示范并讲解冲泡白茶的步骤与要领。

活动二：

1. 学生练习冲泡白茶的技艺。

2. 学生完成实训报告。

3. 学生洁具、收具。

三、目标检测

1. 实训内容

玻璃杯泡法——新白茶（白毫银针、白牡丹）散茶冲泡步骤与要求

步骤	操作要求
1. 准备	①将烧开的水倒入开水壶中凉汤备用。 ②将茶巾折叠整齐备用
2. 赏茶	①用茶匙将茶叶从茶叶罐中轻轻拨入茶荷。 ②将茶荷双手捧起，送至客人面前请客人欣赏干茶外形及香气。 ③用简短的语言介绍即将冲泡的茶叶的品质特征和文化背景
3. 温杯	①注入约 1/2 的开水到玻璃杯中。 ②转动温烫杯身
4. 置茶	将茶叶拨入杯中，投茶量为每 50 mL 水用茶 1 g
5. 冲水	采用下投法冲泡： ①水温为 90 °C。 ②右手提壶，用高冲水的手法注水至杯的七分满

6. 孕香	① 左手托杯底，右手扶杯身，以逆时针的方向回旋三圈，使茶叶充分浸润。 ② 静候 4～5 min
7. 闻香	端杯闻香
8. 品饮	小口品饮
9. 续杯	① 当茶汤喝至剩余 1/3 的时候，及时续水。 ② 第二泡只需静候 3 min 即可饮用。 ③ 一般情况下，一杯白茶可以冲泡 3～5 次
10. 收具	将客人不再使用的杯子清洗干净，整齐摆放在茶盘上，用茶巾将茶盘擦拭干净

2. 实训考核

白茶冲泡达标考核表

班级： 学号： 姓名： 考核内容：白茶冲泡技艺

序号	项目	分值	扣分	实际得分
1	备具	10 分		
2	流程	20 分		
3	操作手法	10 分		
4	茶叶用量	10 分		
5	泡茶水温	10 分		
6	泡茶时间	20 分		
7	表情、仪态	10 分		
8	礼仪	10 分		
合计		100 分		

日期： 年 月 日 教师：

四、反馈练习

1. 哪些人群适宜喝白茶？

2. 不适宜喝白茶的人群有哪些？

3. 优质白茶冲泡时，如何选择茶具？如何把握茶叶用量、泡茶水温、冲泡时间？

教学反思

模块四　茶叶冲泡技艺 **任务四　青茶冲泡技艺** 第　　课时		个案改错
学习目标	1. 了解青茶的基本情况。 2. 熟悉青茶适宜与禁忌的人群。 3. 熟悉青茶的冲泡方法。 4. 掌握冲泡青茶的手法及基本程序。	
学习重点	青茶的基本情况。	
学习难点	青茶的冲泡方法。	

一、自主学习

上节课知识练习（简答题）:

1. 哪些人群适宜喝白茶?

2. 不适宜喝白茶的人群有哪些?

二、合作探究

活动一:

1. 学生通过收集资料，分小组探讨青茶相关知识（教师讲解，学生归纳总结重点）。

2. 学生根据茶叶准备茶具（填写准备的茶具名称）。

3. 教师示范并讲解冲泡青茶的步骤与要领。

活动二:

1. 学生练习冲泡青茶的技艺。

2. 学生完成实训报告。

3. 学生洁具、收具。

三、目标检测

1. 实训内容

青茶冲泡步骤与操作要求

步骤	操作要求
1. 备具	① 将茶盘擦拭干净备用。 ② 将盖碗和公道杯横向呈“一”字形摆放在茶盘内侧。 ③ 将品茗杯和闻香杯一一对应摆放在盖碗的前侧。 ④ 茶盘左侧摆放茶叶罐和随手泡，右侧摆放茶道组和水方。 ⑤ 茶巾清洗干净并折叠整齐备用
2. 温具	① 将碗盖打开，将随手泡里的水倾倒入盖碗。 ② 盖上碗盖后，将盖碗的水倒入公道杯。 ③ 将公道杯的水倒入水方
3. 置茶	① 打开碗盖。 ② 用茶则从茶叶罐中量取茶叶。 ③ 用茶匙将茶叶拨入壶中
4. 冲水	① 打开碗盖向碗中倒入适当温度的水并盖上碗盖。 ② 在茶汤倒出之前，把碗放在干燥洁净的茶巾上，用其沾干碗身及底部的水再斟茶
5. 洗茶	① 将碗盖打开，向碗中注入适当温度的水。 ② 注水时待茶末溢出壶口时，用碗盖轻轻抹去，盖上碗盖。 ③ 以最快的速度将碗中的水倒入公道杯，以免茶汁过多浸出影响味道
6. 醒茶	醒茶的目的是使茶香借着热度散发出来，并使开泡后茶质易于释出。 ① 沸水入碗后，迅速盖上碗盖。 ② 双手捧碗轻轻旋转
7. 出汤	（台湾茶人出汤方式）茶汤由盖碗分入公道杯。 （潮汕茶人出汤方式）用盖碗直接向杯中斟茶，这种斟法的优点是茶香不致散失太多，茶汤较热，适于爱“喝烧茶”的茶人，但各杯茶汤的浓淡不易做到完全均匀一致

8. 闻香	双手环绕的手势持闻香杯，闻热香、冷香
9. 观色	三龙护鼎的手法持品茗杯，于胸前，与眼光成45°角，观汤色
10. 品饮	三龙护鼎的手法持品茗杯，三口为品，一杯茶汤分三口品饮
11. 收具	将客人不再使用的杯子清洗干净，整齐摆放在茶盘上，用茶巾将茶盘擦拭干净

2. 实训考核

青茶叶冲泡达标考核表

班级：　　　　学号：　　　　姓名：　　　　考核内容：青茶冲泡技艺

序号	项目	分值	扣分	实际得分
1	备具	10分		
2	流程	20分		
3	操作手法	10分		
4	茶叶用量	10分		
5	泡茶水温	10分		
6	泡茶时间	20分		
7	表情、仪态	10分		
8	礼仪	10分		
合计		100分		

日期：　年　月　日　　　　　　　　教师：

四、反馈练习

1. 哪些人群适宜喝青茶？

2. 不适宜喝青茶的人群有哪些？

3. 青茶冲泡时，如何选择茶具？如何把握茶叶用量、泡茶水温、冲泡时间？

教学反思

<table>
<tr><td colspan="2">模块四　茶叶冲泡技艺
任务五　红茶冲泡技艺
第　　课时</td><td>个案改错</td></tr>
<tr><td>学习目标</td><td>1. 了解红茶的基本情况。
2. 熟悉红茶适宜与禁忌的人群。
3. 熟悉红茶的冲泡方法。
4. 掌握冲泡红茶的手法及基本程序。</td><td rowspan="4"></td></tr>
<tr><td>学习重点</td><td>红茶的基本情况。</td></tr>
<tr><td>学习难点</td><td>红茶的冲泡方法。</td></tr>
<tr><td colspan="2">

一、自主学习

上节课知识练习（填空题）：

1. 双手环绕的手势持闻香杯，（　　　　）、（　　　　）。
2. 三龙护鼎的手法持品茗杯，（　　）为品，一杯茶汤分（　　）品饮。
3. 盖碗和公道杯横向呈（　　　）字形摆放在茶盘内侧。
4. 三龙护鼎的手法持（　　），于胸前，与眼光成（　　）角，观汤色。

二、合作探究

活动一：

1. 学生通过收集资料，分小组探讨红茶相关知识（教师讲解，学生归纳总结重点）。

2. 学生根据茶叶准备茶具（填写准备的茶具名称）。

3. 教师示范并讲解冲泡红茶的步骤与要领。

活动二：

1. 学生练习冲泡红茶的技艺。

</td></tr>
</table>

2. 学生完成实训报告。

3. 学生洁具、收具。

三、目标检测

1. 实训内容

红茶冲泡步骤与操作要求

步骤	操作要求
1. 备具	① 将茶盘擦拭干净备用。 ② 将茶壶和公道杯横向呈“一”字形摆放在茶盘内侧。 ③ 将品茗杯摆放在茶壶的前侧。 ④ 茶盘左侧摆放茶叶罐和水方，右侧摆放茶道组和随手泡。 ⑤ 茶巾清洗干净并折叠整齐备用
2. 赏茶	① 用茶则将红茶从茶叶罐中取出适量放入茶荷内。 ② 双手捧起茶荷送至客人面前供客人赏茶
3. 掀盖	左手持碗盖，右手持茶针，双手一前一后作业
4. 置茶	① 打开壶盖将茶漏放在壶口上。 ② 用茶匙将茶叶拨入茶壶中
5. 润茶	① 向壶内注入 2/3 的水，然后盖上壶盖。 ② 迅速将茶汤倾倒入公道杯
6. 冲泡	① 冲泡红茶的水温应在 90 °C 以上。 ② 用悬壶高冲的手法向茶壶内冲水。 ③ 用碗盖抹去壶口的茶末，盖上壶盖
7. 温杯	① 红茶正泡需要 2~3 min，在这个过程中可以进行温杯的程序。 ② 将公道杯中的水依次倒入品茗杯。 ③ 用茶夹夹取品茗杯，将水倒入水方中。 ④ 用茶巾轻拭品茗杯外侧及杯底的水渍
8. 出汤	① 右手拿起茶壶，将茶汤倒入公道杯中。 ② 尽量控净壶中的茶汤，以免影响口味
9. 分茶	将公道杯中的茶汤分到每一个茶杯中，茶量应为七分满，使茶汤保持浓淡均匀

10. 奉茶	双手持杯，敬给客人品饮
11. 收具	将客人不再使用的杯子清洗干净，整齐摆放在茶盘上，用茶巾将茶盘擦拭干净

2. 实训考核

红茶冲泡达标考核表

班级：　　　学号：　　　姓名：　　　考核内容：红茶冲泡技艺

序号	项目	分值	扣分	实际得分
1	备具	10 分		
2	流程	20 分		
3	操作手法	10 分		
4	茶叶用量	10 分		
5	泡茶水温	10 分		
6	泡茶时间	20 分		
7	表情、仪态	10 分		
8	礼仪	10 分		
合计		100 分		

日期：　年　月　日　　　　教师：

四、反馈练习

1. 哪些人群适宜喝红茶?

2. 不适宜喝红茶的人群有哪些?

3. 红茶冲泡时，如何选择茶具？如何把握茶叶用量、泡茶水温、冲泡时间?

教学反思

模块四　茶叶冲泡技艺 **任务六　黑茶冲泡技艺** 第　　课时		个案改错
学习目标	1. 了解黑茶的基本情况。 2. 熟悉黑茶适宜与禁忌的人群。 3. 熟悉黑茶的冲泡方法。 4. 掌握冲泡黑茶的手法及基本程序。	
学习重点	黑茶的基本情况。	
学习难点	黑茶的冲泡方法。	

一、自主学习

上节课知识练习（简答题）：

1. 红茶的冲泡程序中置茶的步骤为：

2. 冲泡的步骤为：

二、合作探究

活动一：

1. 学生通过收集资料，分小组探讨黑茶相关知识（教师讲解，学生归纳总结重点）。

2. 学生根据茶叶准备茶具（填写准备的茶具名称）。

3. 教师示范并讲解冲泡黑茶的步骤与要领。

活动二：

1. 学生练习冲泡黑茶的技艺。

2. 学生完成实训报告。

3. 学生洁具、收具。

三、目标检测

1. 实训内容

黑茶冲泡步骤与操作要求

步骤	操作标准
1. 备具	① 将茶盘擦拭干净备用。 ② 茶盘左侧摆放茶叶罐和水方，右侧摆放茶道组和随手泡。 ③ 将白瓷杯一一对应摆放在茶壶的前侧。 ④ 茶巾清洗干净并折叠整齐备用
2. 温壶	① 将茶壶的壶盖打开，将随手泡里的水倾倒入茶壶、茶池。 ② 盖上壶盖后，将茶壶的水倒入白瓷杯
3. 置茶	① 打开壶盖。 ② 用茶则从茶叶罐中量取茶叶放置于茶荷中。 ③ 用茶匙将茶叶拨入壶中
4. 烹煮	① 往电磁消毒泡茶炉中的茶池注水。 ② 通电煮沸，水温达到 100 °C，放进适量黑茶（无须加壶盖）。 ③ 沸腾熬煮 2 min 关火，盖上壶盖焖泡 3 ~ 5 min，滤渣
5. 品饮	端起茶杯，饮一口含在嘴里，慢慢送入喉中

2. 实训考核

黑茶冲泡达标考核表

班级：　　　　学号：　　　　姓名：　　　　考核内容：黑茶冲泡技艺

序号	项目	分值	扣分	实际得分
1	备具	10 分		
2	流程	20 分		
3	操作手法	10 分		
4	茶叶用量	10 分		

5	泡茶水温	10 分		
6	泡茶时间	20 分		
7	表情、仪态	10 分		
8	礼仪	10 分		
合计		100 分		

日期： 年 月 日　　　　教师：

四、反馈练习

简述普洱茶著名品牌。

教学反思

茶艺导学案

模块四　茶叶冲泡技艺 **任务七　花茶冲泡技艺** 第　　课时	个案改错

学习目标	1. 了解花茶的基本情况。 2. 熟悉花茶适宜与禁忌的人群。 3. 熟悉花茶的冲泡方法。 4. 掌握冲泡花茶的手法及基本程序。
学习重点	花茶的基本情况。
学习难点	花茶的冲泡方法。

一、自主学习

上节课知识练习（填写表格）：

黑茶冲泡步骤与操作要求

步骤	操作标准
1. 备具	
2. 温壶	
3. 置茶	
4. 烹煮	
5. 品饮	

二、合作探究

活动一：

1. 学生通过收集资料，分小组探讨花茶相关知识（教师讲解，学生归纳总结重点）。

2. 学生根据茶叶准备茶具（填写准备的茶具名称）。

3. 教师示范并讲解冲泡花茶的步骤与要领。

活动二：

1. 学生练习冲泡花茶的技艺。

2. 学生完成实训报告。

3. 学生洁具、收具。

三、目标检测

1. 实训内容

花茶冲泡步骤与操作要求

步骤	操作要求
1. 备具	① 将盖碗按“一”字形或“品”字形摆放在茶盘的中心位置。 ② 将烧开的水倒入开水壶中凉汤备用。 ③ 将茶巾折叠整齐备用
2. 赏茶	① 用茶匙将茶叶从茶叶罐中轻轻拨入茶荷。 ② 将茶荷双手捧起，送至客人面前请客人欣赏干茶外形及香气。 ③ 用简短的语言介绍即将冲泡的茶叶的品质特征和文化背景
3. 温杯	① 将杯盖斜靠在杯托上，注入少量热水。 ② 盖上杯盖，转动盖杯温烫杯身
4. 置茶	将茶叶拨入盖碗中，投茶量为每 50 mL 水用茶 1 g
5. 润茶	① 将开水壶中降了温的水倾入杯中至 1/3 容积。 ② 盖上杯盖，左手托杯底，右手扶杯盖，以逆时针的方向回旋三圈，使茶叶充分浸润。 ③ 此泡时间掌握在 15 s
6. 冲水	① 水温为 90 °C。 ② 右手提壶，用高冲水的手法注水至杯子的七分满
7. 敬茶	双手持盖碗将茶奉给客人
8. 闻香	一手持杯托，一手按杯盖让前沿翘起，送至鼻前闻香
9. 品茶	端起端起茶杯，分 3 口品饮
10. 收具	将客人不再使用的杯子清洗干净，整齐摆放在茶盘上，用茶巾将茶盘擦拭干净

2. 实训考核

花茶冲泡达标考核表

班级： 学号： 姓名： 考核内容：花茶冲泡技艺

序号	项目	分值	扣分	实际得分
1	备具	10 分		
2	流程	20 分		
3	操作手法	10 分		
4	茶叶用量	10 分		
5	泡茶水温	10 分		
6	泡茶时间	20 分		
7	表情、仪态	10 分		
8	礼仪	10 分		
合计		100 分		

日期： 年 月 日 教师：

四、反馈练习

1. 茉莉花茶冲泡时，如何选择茶具？如何把握茶叶用量、泡茶水温、冲泡时间？

2. 桂花乌龙冲泡时，如何选择茶具？如何把握茶叶用量、泡茶水温、冲泡时间？

教学反思

模块五

茶艺表演

茶艺导学案

模块五　茶艺表演

任务一　绿茶茶艺表演

第　　课时

个案改错

学习目标	1. 了解茶艺表演的分类。 2. 熟记绿茶茶艺表演的解说词。 3. 掌握绿茶茶艺表演的基本步骤和表现手法。 4. 能独立表演绿茶茶艺。
学习重点	绿茶茶艺表演的解说词。
学习难点	绿茶茶艺表演的基本步骤和表现手法。

一、自主学习

上节课知识练习（填空题）：

1. 用（　　　）将茶叶从茶叶罐中轻轻拨入茶荷。
2. 将茶叶拨入盖碗中，投茶量为每（　　　）mL 水用茶（　　　）g。
3. 将开水壶中降了温的水倾入杯中（　　　）
4. 冲水水温为（　　　）°C。
5. 冲泡时右手提壶，用高冲水的手法注水至杯子的（　　　）满。

二、合作探究

活动一：

1. 学生通过收集资料，分小组探讨茶艺表演的相关知识（教师讲解，学生归纳总结重点）。

2. 教师示范并讲解绿茶茶艺表演要领。

活动二：

1. 学生分组练习。

2. 教师指导、纠正学生练习。

3. 学生填写实训报告。

三、目标检测

1. 实训内容

绿茶（西湖龙井）茶艺表演步骤及内容

步骤	操作内容	茶艺解说词（示例）
1. 点香 （焚香除妄念）	点燃一支熏香，将香置入香炉中	俗话说："泡茶可修身养性，品茶如品味人生。"古今品茶都讲究首先要平心静气，"焚香静心"即通过点燃这支香来营造一个祥和肃穆的气氛，并达到驱除妄念、心静气和的目的
2. 洗手 （净手去尘埃）	将手洗净，擦干	将焚香后留下的异味去除掉，以洁净之手为客人泡茶
3. 洁具 （冰心去凡尘）	将干净的玻璃杯再烫洗一次	茶是至清至洁、天涵地育的灵物，泡茶要求所用的器皿也必须至清至洁、一尘不染。将水注入将用的玻璃杯，一来清洁杯子，二来为杯子增温。茶是圣洁之物，泡茶人要有一颗圣洁之心
4. 凉汤 （玉壶养太和）	将开水置入茶壶中，以降低茶水温度至能够冲泡龙井茶	绿茶茶芽极其细嫩，若直接用开水冲泡，会烫熟茶芽，造成熟汤失味。所以要将烧沸的热水凉至 80 °C 左右再用来冲茶。这样不温不火、恰到好处的水泡出的茶才色香味俱全
5. 鉴茶 （龙井女儿红）	将茶叶置入茶荷中，欣赏龙井茶的优美外形	"院外风荷西子笑，明前龙井女儿红。"这优美的句子堪称西湖龙井茶的绝妙写真（此处向客人介绍西湖龙井的品质特征）
6. 投茶 （清宫迎佳人）	用茶匙将茶叶拨入杯中，每杯 3～4 g	苏东坡有诗云："戏作小诗君勿笑，从来佳茗似佳人。"他把优质的绿茶比喻成让人一见倾心的绝代佳人。龙井茶外形扁平光滑，享有色绿、香郁、味醇、形美"四绝"之盛誉
7. 润茶 （甘露润莲心）	向杯中倒入 1/4 的热水，拿起茶杯，轻轻晃动摇香	浸润泡的目的是使茶叶充分滋润，吸收水的温度和湿度，将茶叶中的溶出物溶解出来，采用摇香的方式可以使茶香较快释放

8. 冲水 （凤凰三点头）	以“凤凰三点头”的手势泡茶	冲泡绿茶讲究高冲水。水壶有节奏地三起三落而水流不断，好似凤凰盘旋点头致意，代表对宾客的尊敬
9. 泡茶 （碧玉沉清江）		龙井茶吸收了水分，慢慢舒展并沉入杯底，碧绿的茶叶和清澈的茶水对应生辉，称之为“碧玉沉清江”
10. 奉茶 （观音捧玉瓶）	面带微笑，双手向客人奉茶	佛教故事中传说大慈大悲的观音菩萨常捧着一个白玉瓶，净瓶中的甘露可消灾祛病，救苦救难。在这里我们借助这杯清茶祝福各位宾客健康平安
11. 赏茶 （春波展旗枪）	向客人介绍并请客人欣赏冲泡中的龙井茶的茶姿、茶舞	在热水的浸泡下，茶芽慢慢地舒展开来，尖尖的茶芽如枪，展开的叶片如旗，这就是龙井茶特有的茶相“旗枪”。茶人们称这个特色程序为“杯中观茶舞”，十分生动有趣
12. 闻香 （慧心悟茶香）	请客人品闻龙井茶的茶香	龙井茶香郁如兰而胜于兰，乾隆皇帝形容其香好比是“古梅对我吹幽芬”。品饮龙井一定要“一看二闻三品味”。其香高持久，清香如兰，令人心旷神怡
13. 品茶 （淡中品至味）	请客人品鉴龙井茶的滋味	端杯小口啜饮，品尝茶汤美味。龙井茶，真者甘香而不冽，饮过之后，似有一种太和之气，弥沦于齿颊之间，此无味之味，乃至味也
14. 谢茶 （自斟乐无穷）	请客人自己动手，冲水品饮	品茶之乐，乐在闲适，乐在怡然自得。请客人自斟自品，感受修身养性、品味人生的无穷乐趣

2. 实训考核

绿茶茶艺表演达标测试表

班级： 组别： 姓名：

序号	测试内容	得分标准	分值	扣分	实际得分
1	备具	物品齐全、摆放整齐、具有美感、便于操作	10 分		
2	流程	步骤正确	20 分		
3	茶艺表演	手法正确	10 分		
4	茶艺解说	解说词正确，讲解到位	20 分		
5	表情、仪态	表情自然、仪态端庄	20 分		
6	礼仪	礼仪周全	20 分		
合计			100 分		

日期： 年 月 日 教师：

四、反馈练习 1. 绿茶茶艺表演有哪些步骤？ 2. 熟记绿茶（西湖龙井）茶艺表演解说词。	
教学反思	

模块五 茶艺表演

任务二 黄茶茶艺表演

第 课时

个案改错

学习目标	1. 了解茶艺表演在形象与气质上有什么要求。 2. 熟记黄茶茶艺表演的解说词。 3. 掌握黄茶茶艺表演的基本步骤。 4. 掌握黄茶茶艺表演的要领。
学习重点	黄茶茶艺表演的基本步骤。
学习难点	黄茶茶艺表演的解说词。

一、自主学习

上节课知识练习（填空题）：

1. 龙井茶香郁如兰而胜于兰，乾隆皇帝形容其香好比是“古梅对我吹幽芬”。品饮龙井一定要“一看二闻三品味”。其香高持久，清香如兰，令人心旷神怡。（　　　　　　　）

2. “院外风荷西子笑，明前龙井女儿红。”这优美的句子堪称西湖龙井茶的绝妙写真（此处向客人介绍西湖龙井的品质特征。（　　　　　　　）

3. 将焚香后留下的异味去除掉，以洁净之手为客人泡茶。（　　　　　）

二、合作探究

活动一：

1. 学生通过收集资料，分小组探讨茶艺表演在形象与气质上的要求（教师讲解，学生归纳总结重点）。

2. 教师示范并讲解黄茶茶艺表演要领。

活动二：

1. 学生分组练习。

2. 教师指导、纠正学生练习。

3. 学生填写实训报告。

三、目标检测

1. 实训内容

黄茶（君山银针）茶艺表演步骤及内容

步骤	操作内容	茶艺解说词
1. 焚香（焚香静气可通灵）	燃香	“焚香”我们称之为“焚香静气可通灵”。“茶须静品，香可通灵。”品饮像君山银针这样文化沉积厚重的茶，更需要我们静下心来，才能从茶中品味出我们中华民族的传统精神
2. 涤器（涤尽凡尘心自清）	烫杯洁具	“涤器”我们称之为“涤尽凡尘心自清”。品茶的过程是茶人洗涤自己心灵的过程，烹茶涤器，不仅是洗净茶具上的尘埃，更重要的是在净化茶人的灵魂
3. 鉴茶（娥皇女英展仙姿）	鉴赏干茶的色泽、外形、香气	“鉴茶”我们称之为“娥皇女英展仙姿”。品茶之前首先要鉴赏干茶的外形、色泽和气味。相传4000多年前舜帝南巡，不幸驾崩于九嶷山下，他的两个爱妃娥皇和女英前来奔丧，在君山望着烟波浩渺的洞庭湖放声痛哭，她们的泪水洒到竹子上，使竹竿染上永不消退的斑斑泪痕，成为湘妃竹。她们的泪水滴到君山的土地上，君山上便长出了象征忠贞爱情的植物——茶。茶是娥皇、女英的真情化育出的灵物，所以请各位传看“君山银针”
4. 投茶（帝子投湖千古情）	取适量茶叶投入杯中	“投茶”我们称之为“帝子沉湖千古情”。娥皇、女英是尧帝的女儿，所以也称为“帝子”。她们为奔夫丧时乘船到洞庭湖，船被风浪打翻而沉入水中。她们对舜帝的真情被世人传颂千古

5. 润茶 （洞庭波涌连天雪）	高冲水至1/2杯，稍等候	“润茶”我们称之为“洞庭波涌连天雪”。洞庭湖一带的老百姓把湖中不起白花的小浪称为“波”，把起白花的浪称为“涌”。在洗茶时，通过悬壶高冲，玻璃杯中会泛起一层白色泡沫，所以被形象地称为“洞庭波涌连天雪”
6. 冲水 （碧涛再撼岳阳城）	冲水至杯的七分满	“冲水”我们称之为“碧涛再撼岳阳城”。这次冲水只可冲到七分满
7. 闻香 （楚云香染楚王梦）	端杯于鼻前闻香	“闻香”我们称之为“楚云香染楚王梦”。通过洗茶和温润之后，再冲入开水，君山银针的茶香即随着热气而散发。洞庭湖古属楚国，杯中的水汽伴着茶香氤氲上升，如香云缭绕，故称“楚云”。“楚王梦”是套用楚王巫山梦神女，“朝为云，暮为雨”的典故，形容茶香如梦亦如幻，时而清悠淡雅，时而浓郁醉人
8. 赏茶 （湘水浓溶湘女情）	观赏茶叶在水中上下沉浮	“赏茶”也称为“看茶舞”，这是冲泡君山银针的特色程序。君山银针的茶芽在热水的浸泡下慢慢舒展开来，芽尖朝上，蒂头下垂，在水中忽升忽降，时沉时浮，经过“三浮三沉”之后竖立于杯底，随水波晃动，像是娥皇、女英落水后苏醒过来，在水下舞蹈。芽光水色，浑然一体；碧波绿芽，相映成趣，煞是好看。我国自古有“湘女多情”之说，您看杯中的湘灵正在为您献舞，这浓浓的茶水恰似湘灵浓浓的情
9. 品茶 （人生三味一杯里）	品味茶汤	“品茶”我们称之为“人生三味一杯里”。品君山银针讲究在一杯茶中品出三种味：从第一道茶中品出湘君芬芳的清泪之味；从第二道茶中品出柳毅为龙女传书后，在碧云宫中尝到的甘露之味；从第三道茶中品出君山银针这潇湘灵物所携带的大自然的无穷妙味。好，现在请大家慢慢地细品这杯中的三种滋味
10. 谢茶 （品罢寸心逐白云）	体会茶道、精神升华	“谢茶”我们称之为“品罢寸心逐白云”。这是精神上的升华，也是我们茶人的追求。品了三道茶之后，是像吕洞宾一样“明心见性，浪游世外我为真”，还是像清代巴陵邑宰陈大纲一样“四面湖山归眼底，万家忧乐到心头”

2. 实训考核

黄茶茶艺表演达标测试表

班级：　　　　组别：　　　　　　　　姓名：

序号	测试内容	得分标准	分值	扣分	实际的分
1	备具	物品齐全、摆放整齐、具有美感、便于操作	10 分		
2	流程	步骤正确	20 分		
3	茶艺表演	手法正确	10 分		
4	茶艺解说	解说词正确，讲解到位	20 分		
5	表情、仪态	表情自然、仪态端庄	20 分		
6	礼仪	礼仪周全	20 分		
合计			100 分		

日期：　年　月　日　　　　　　　　教师：

四、反馈练习

1. 黄茶茶艺表演有哪些步骤？

2. 熟记黄茶（君山银针）茶艺表演解说词。

教学反思

模块五　茶艺表演

任务三　白茶茶艺表演

第　　课时

个案改错

学习目标	1. 了解茶艺表演中的动作美与神韵美。 2. 熟记白茶茶艺表演的解说词。 3. 掌握白茶茶艺表演的基本步骤。 4. 掌握白茶茶艺表演的要领。
学习重点	白茶茶艺表演的基本步骤。
学习难点	白茶茶艺表演的解说词。

一、自主学习

上节课知识练习（填空题）：

1. “冲水”我们称之为（　　　　　　）。
2. “闻香”我们称之为（　　　　　）。
3. “赏茶”也称为（　　　　　）。
4. “谢茶”我们称之为（　　　　　　）。

二、合作探究

活动一：

1. 学生通过收集资料，分小组探讨茶艺表演中的动作美与神韵美（教师讲解，学生归纳总结重点）。

2. 教师示范并讲解白茶茶艺表演要领。

活动二：

1. 学生分组练习。

2. 教师指导、纠正学生练习。

3. 学生填写实训报告。

三、目标检测

1. 实训内容

白茶（白毫银针）茶艺表演步骤及内容

步骤	操作内容	茶艺解说词
1. 备具（温杯烫盏）	温杯洁具	白毫银针冲泡多采用玻璃杯泡茶。首先我们将备好的玻璃杯用热水浇淋一遍，既是洁杯表示对来客的尊重，又是为了泡好白毫银针温香
2. 赏茶（佳茗共赏）	用茶荷鉴赏干茶的色泽、形状	从茶叶罐中用茶匙取少量茶置于茶荷上，由众宾客相互传赏。白毫银针值得每位来宾仔细观赏。赏白毫银针分为看外观：满身白毫披覆的均匀度、茶芽饱满度即粗壮或细瘦，可判断茶叶的采摘早晚；此外赏茶还要闻干茶香，通过闻干茶香，我们可以判断茶叶香气的纯度及锐度
3. 烹水（静心侍水）	将开水注入备用的公道杯中，冷却到 85 °C 左右即可	由于白毫银针是全芽型茶，属于娇嫩型，因此泡茶的水温应控制在 85 °C 左右，这样有利于茶叶中的氨基酸在冲泡过程中得以更好地保存，提高品饮时的鲜爽度
4. 置茶（佳人入浴）	置茶：采用中投法，先往玻璃杯中注入 1/3 静晾好的开水，取白毫银针 3 g，投入杯中，茶艺师细闻茶香，接着用双手持杯逆时针旋转，使茶叶在水中浸润 10 s 左右。最后用高冲法，按同方向往杯中冲入开水 100～120 mL，以杯身七分满为适宜	自古佳茗似佳人，一泡上好的白毫银针就像佳人似的，冲泡过程上下起浮，在水中翩翩起舞犹如美人沐浴。 泡茶讲究七分满，剩余三分是情谊

5. 茶舞（争奇斗艳）	观赏茶叶在水中舒展的姿态。时间约为 10 s	茶师和宾客静心观赏候茶，让银针与水进行水乳交融的汇合，观看茶芽吸水后伸展开的姿态及在水中沉浮嬉戏
6. 出汤（贵妃出浴）	茶汤倒入茶海	佳茗似佳人，佳人必有杨贵妃。白毫银针茶芽粗壮，遇水后更加饱满，有如杨贵妃之丰满。故将这道茶汤滤出程序定为贵妃出浴。将茶汤过滤到公道杯中，是为了均匀茶汤的浓淡，使所有品到茶的客人尝到一样浓度的好茶
7. 分茶（平分秋色）	将茶海中的茶汤分入品茗杯中	将中和好的茶水用低斟手法均匀地分入宾客的品杯中
8. 奉茶（敬奉香茗）	敬茶	由茶艺师将泡好的茶置于奉茶盘上，敬奉给尊贵的来宾
9. 端杯（三龙护鼎）	教客人“三龙护顶”端杯法	用拇指、食指和中指端杯，我们称之为“三龙护鼎”端杯法
10. 闻香（喜闻幽得）	举杯闻茶香	白毫银针以毫香为主，后期转化会有药香、稻谷香、粽叶香等
11. 品茶（细品甘露）	小口品饮	品为三口，一口为牛饮解渴，两口为饮，三口为品。一杯茶需分三口品，品茶时通过舌头的转动让吸入口中的茶水在舌面上翻滚，使舌面上的各个味蕾都能感受到茶水的味道
12. 谢茶（感恩嘉宾）	感恩一起品茶的机缘	以上就是对白毫银针的冲泡技法的表演，谢谢各位来宾的观赏

2. 实训考核

白茶茶艺表演达标测试表

班级：　　　　　　组别：　　　　　　姓名：

序号	测试内容	得分标准	分值	扣分	实际的分
1	备具	物品齐全、摆放整齐、具有美感、便于操作	10 分		
2	流程	步骤正确	20 分		
3	茶艺表演	手法正确	10 分		
4	茶艺解说	解说词正确，讲解到位	20 分		
5	表情、仪态	表情自然、仪态端庄	20 分		
6	礼仪	礼仪周全	20 分		
合计			100 分		

日期：　年　月　日　　　　　　教师：

四、反馈练习 1. 白茶茶艺表演有哪些步骤？ 2. 熟记白茶（白毫银针）茶艺表演解说词。	
教学反思	

茶艺导学案

模块五　茶艺表演 任务四　青茶茶艺表演 第　　课时		个案改错
学习目标	1. 了解茶艺表演的“四要素”。 2. 熟记青茶茶艺表演的解说词。 3. 掌握青茶茶艺表演的基本步骤。 4. 掌握青茶茶艺表演的要领。	
学习重点	青茶茶艺表演的基本步骤。	
学习难点	青茶茶艺表演的解说词。	

一、自主学习

上节课知识练习（小组代表进行解说词比赛）:
白茶（白毫银针）茶艺表演解说词。

二、合作探究

活动一:

1. 学生通过收集资料，分小组探讨了解茶艺表演的“四要素”（教师讲解，学生归纳总结重点）。

2. 教师示范并讲解青茶茶艺表演要领。

活动二:

1. 学生分组练习。

2. 教师指导、纠正学生练习。

3. 学生填写实训报告。

三、目标检测

1. 实训内容

青茶（铁观音）茶艺表演步骤及内容

步骤	操作内容	茶艺解说词
1. 恭迎嘉宾	茶艺师向客人点头致意，示意入座	茶艺师以敬手礼请客人入座，然后自己落座
2. 活煮甘泉	烧水	当着客人面将水烧至沸腾
3. 孔雀开屏	向客人逐一展示所用器具，并介绍用途	从右至左，以优美的手势展示和介绍所有的茶具，并详述所有茶具的用途
4. 孟臣净心	用开水温洁茶具	用开水按顺序洗烫茶壶、公道杯、品茗杯、闻香杯
5. 观音上轿	取茶	将茶叶从茶叶罐或茶袋中取出，放进茶荷中
6. 佳叶共赏	用茶荷向客人展示、讲解铁观音的产地、颜色、特点、香型，并请客人品闻干茶茶香（冷闻）	铁观音条索肥壮、圆整呈蜻蜓头；间有红点，青蒂绿腹，有“蜻蜓头”“螺旋体”“青蛙腿”的称谓；汤色金黄，香气浓郁，有天然兰花香，入口回甘，极耐冲泡，有“七泡有余香”之说
7. 乌龙入宫	用茶则将茶叶拨入紫砂壶中	茶壶被喻为茶叶的宫殿，铁观音属乌龙茶，因此投茶的步骤被称为“乌龙入宫”，根据客人的口味，投入量为茶壶的 1/3～1/2
8. 摇壶闻香	轻轻摇转茶壶	借助洗壶的余温，将茶叶轻轻摇动，用热气将茶叶香气烘托出来，并请客人在此品闻（温闻）
9. 高山流水	提壶先低后高冲水，使茶叶充分翻卷	泡的时候，采用高冲水的方法，使茶叶在茶壶中充分翻卷，得到充分的浸润，也可叫作“悬壶高冲”或“乌龙泄瀑”
10. 芳草回春	醒茶	浸润茶叶的过程，也叫温润泡，是洗茶的过程

11. 春风拂面	用壶盖旋转一圈，轻轻刮去茶壶表面的泡沫	左手提壶盖，以顺时针的手法，轻轻刮去洗茶产生的茶叶泡沫（如果用右手则以逆时针的手法）
12. 乌龙入海	铁观音的头泡汤一般是不喝的，将其倒入公道杯中	头泡茶汤只有茶的汤色而茶味不是很好，不宜向客人敬上，所以倒掉为宜。将茶汤从茶壶注入公道杯中，从壶口流出的水犹如蛟龙入海，所以形象地称之为“乌龙入海”
13. 再洗仙颜	第二次冲水入壶泡茶	第二次用高冲水的办法向茶壶中注入开水
14. 涤净凡尘	将头泡茶水淋在紫砂壶上	此举有两个作用：一是冲去温润泡时附在茶壶表面的茶叶泡沫，寓意为客人洗去俗世烦恼，静心饮茶；二是起到养壶的作用
15. 游山玩水	用茶巾轻轻擦拭公道杯底部的水	将茶巾拿起，轻轻擦拭公道杯，将底部的水擦掉，注意手势要轻柔
16. 关公巡城	手提公道杯向闻香杯轻快流畅地斟分茶汤	手拿公道杯，以巡回的方式，来回向闻香杯中斟倒茶汤，要注意闻香杯之间的距离，避免将过多的茶汤倾倒在茶盘上
17. 韩信点兵	将公道杯中剩余的茶均匀倒入闻香杯，调节各杯中的茶量	当公道杯中所剩茶汤不多时改为点斟，手法要求一高一低有节奏地点斟茶水，使各杯中茶量适当，此法称为“韩信点兵”
18. 乾坤旋转	用右手端起品茗杯，盖在闻香杯上	这一步的寓意为品茶人目光远大，放眼未来，是对客人美好的祝愿
19. 物换星移	将品闻对杯翻转过来，放在杯托上	用右手的食指和中指夹住闻香杯身，拇指扣住品茗杯底，翻转至心的位置，然后左手接住，放在杯托上
20. 敬奉香茗	将泡好的茶依次敬奉给客人	双手持杯托，放在客人面前，同时微微欠身，用右手做请的手势
21. 空谷幽兰	双手搓动闻香杯闻香	左手握住品茗杯，右手稍微倾斜，拿起闻香杯，举至鼻前，双手搓动闻香
22. 三龙护鼎	端杯品饮茶汤	三龙护鼎是端杯的姿势，其手势为拇指和食指捏住杯身，中指托住杯底。这样拿杯既稳当又雅观。三根手指头喻为三龙，茶杯如鼎，故这样的端杯姿势称为“三龙护鼎”，意在表达对茶的尊重

23. 鉴赏三色	观赏茶汤	观赏茶汤的颜色、光泽、茶汤中茶渣的多少，来判断茶叶的品质
24. 初品奇茗	分三口将茶汤饮尽	在观汤色、闻汤香后，开始品茶味。品茶讲究三口喝完，即“一品、二回、三饮”
25. 二探兰芷	冲泡第二道茶	这里所说的第二道茶，指的是冲饮的次数，这里的计数没有包含温润泡（下同）。“二探兰芷”即品第二道茶。二品主要是品茶汤的滋味，看茶汤过喉是鲜爽、平滑，还是生涩、平和，或称“二品云腴”
26. 再品甘露	再次品饮茶汤	在茶艺师的介绍下，再次细品茶汤滋味
27. 三斟石乳	冲泡第三道茶	“三斟石乳”是指斟第三道茶。“石乳”是元代的一种贡茶，此处用来比喻乌龙茶
28. 荡气回肠	第三次闻香	这次闻香与前两次不同，而是用口大口吸入茶香，然后像抽香烟一样，从鼻腔呼出，这样可以使茶香直灌脑门，全身心地感受茶香，因此被形象地称为“荡气回肠”
29. 领略茶韵	细心品悟茶香	通过介绍体会乌龙茶的真韵，品茶时嘴里应像含着小花一样慢慢咀嚼，细细回味
30. 敬奉茶点	上点心	根据客人需要奉上茶点，增添茶趣
31. 自斟慢饮	指导客人操作	可让感兴趣的客人自己添茶续水，体会冲泡茶的乐趣
32. 游龙戏水	鉴赏叶底	把泡开的茶叶放入白瓷碗中，让客人观赏铁观音“绿叶红镶边”的品质特征
33. 尽杯谢茶	七泡余香，请客人自斟、自酌	宾主起立，共干杯中茶，相互祝福、道别

2. 实训考核

青茶茶艺表演达标测试表

班级：　　　　　　　　组别：　　　　　　　　姓名：

序号	测试内容	得分标准	分值	扣分	实际的分
1	备具	物品齐全、摆放整齐、具有美感、便于操作	10 分		
2	流程	步骤正确	20 分		
3	茶艺表演	手法正确	10 分		
4	茶艺解说	解说词正确，讲解到位	20 分		

5	表情、仪态	表情自然、仪态端庄	20 分		
6	礼仪	礼仪周全	20 分		
合计			100 分		

日期：　年　月　日　　　　　　　　　　　　教师：

四、反馈练习

1. 茶艺表演的“四要素”是什么？

2. 熟记青茶（铁观音）茶艺表演解说词。

教学反思

模块五　茶艺表演

任务五　红茶茶艺表演

第　　课时

个案改错

学习目标	1. 了解茶艺表演中的礼仪。 2. 熟记红茶茶艺表演的解说词。 3. 掌握红茶茶艺表演的基本步骤。 4. 掌握红茶茶艺表演的要领。
学习重点	红茶茶艺表演的基本步骤。
学习难点	红茶茶艺表演的解说词。

一、自主学习

上节课知识练习（小组代表进行解说词比赛）：

青茶（铁观音）茶艺表演解说词。

二、合作探究

活动一：

1. 学生通过收集资料，分小组探讨茶艺表演中的礼仪（教师讲解，学生归纳总结重点）。

2. 教师示范并讲解红茶茶艺表演要领。

活动二：

1. 学生分组练习。

2. 教师指导、纠正学生练习。

3. 学生填写实训报告。

三、目标检测

1. 实训内容

红茶（祁门红茶）茶艺表演步骤及内容

步骤	操作标准	茶艺解说词
1. 赏茶（“宝光”初现）	用茶荷鉴赏干茶色泽	祁门红茶条索紧秀，锋苗好，色泽并非人们常说的红色，而是乌黑润泽。国际通用红茶的名称为“black tea”，即因红茶干茶的乌黑色泽而来。请来宾欣赏色泽被称为“宝光”的祁门红茶
2. 煮水（清泉初沸）	静候煮水	热水壶中用来冲泡的泉水经加热，微沸，壶中上浮的水泡，仿佛“蟹眼”已生
3. 温杯（温热壶盏）	烫杯洁具	用初沸之水，注入瓷壶及杯中，为壶、杯升温
4. 置茶（“王子”入宫）	用茶匙将红茶轻轻拨入壶中	祁门红茶也被誉为“王子茶”
5. 冲水（悬壶高冲）	高温高冲	这是冲泡祁门红茶的关键。冲泡祁门红茶的水温要在 100 °C，刚才初沸的水，此时已是“蟹眼已过鱼眼生”，正好用于冲泡。而高冲可以让祁门红茶茶叶在水的激荡下，充分浸润，以利于色、香、味的充分发挥
6. 分汤（分杯敬客）	用“巡茶”法将茶汤分入品茗杯	用循环斟茶法，将壶中之茶均匀地分入品茗杯，杯中之茶的色、味一致
7. 闻香（喜闻幽香）	端杯闻香	祁门红茶是世界“三大高香红茶”之一，香气浓郁高长，又有“茶中英豪”“群芳最”之誉。甜润中蕴藏着一股兰花之香
8. 观色（观赏汤色）	欣赏茶汤色泽	红茶的红色，表现在冲泡好的茶汤中。祁门红茶的汤色红艳，杯沿有一道明显的“金圈”。茶汤的明亮度和颜色，表明红茶的发酵程度和茶汤的鲜爽度。再观叶底，嫩软红亮

9. 品味 （品味鲜爽）	小口啜饮	闻香观色后即可缓啜品饮。祁门红茶以鲜爽、浓醇为主，与红碎茶浓强的刺激性口感有所不同，滋味醇厚，回味绵长
10. 复冲 （再赏余韵）	冲泡第二泡	一泡之后，可再冲泡第二泡茶
11. 再冲 （三品得趣）	冲泡第三泡	祁门红茶通常可冲泡三次，三次的口感各不相同，细饮慢品，徐徐体味茶之真味，方得茶之真趣
12. 谢客 （收杯谢客）	谢客共饮	祁门红茶性情温和，收敛性差，易于交融，因此通常用之调饮。然清饮更能领略祁门红茶特殊的“祁门香”香气，领略其独特的内质、隽永的回味、明艳的汤色。感谢来宾的光临，愿所有的爱茶人都像这红茶一样，相互交融，相得益彰

2. 实训考核

红茶茶艺表演达标测试表

班级：　　　　　　　　组别：　　　　　　　　姓名：

序号	测试内容	得分标准	分值	扣分	实际的分
1	备具	物品齐全、摆放整齐、具有美感、便于操作	10 分		
2	流程	步骤正确	20 分		
3	茶艺表演	手法正确	10 分		
4	茶艺解说	解说词正确，讲解到位	20 分		
5	表情、仪态	表情自然、仪态端庄	20 分		
6	礼仪	礼仪周全	20 分		
合计			100 分		

日期：　年　月　日　　　　　　　　　　　　教师：

四、反馈练习

1. 熟记红茶（祁门红茶）茶艺表演解说词。

2. 了解常见红茶调饮的方法。	
教学反思	

茶艺导学案

模块五　茶艺表演

任务六　黑茶茶艺表演 第　　课时		个案改错
学习目标	1. 了解茶艺表演的内涵与特点。 2. 熟记黑茶茶艺表演的解说词。 3. 掌握黑茶茶艺表演的基本步骤。 4. 掌握黑茶茶艺表演的要领。	
学习重点	黑茶茶艺表演的基本步骤。	
学习难点	黑茶茶艺表演的解说词。	

一、自主学习

上节课知识练习（小组代表进行解说词比赛）：

红茶（祁门红茶）茶艺表演解说词。

二、合作探究

活动一：

1. 学生通过收集资料，分小组探讨茶艺表演的内涵与特点（教师讲解，学生归纳总结重点）。

2. 教师示范并讲解黑茶茶艺表演要领。

活动二：

1. 学生分组练习。

2. 教师指导、纠正学生练习。

3. 学生填写实训报告。

三、目标检测

1. 实训内容

黑茶（安化黑茶）茶艺表演步骤及内容

步骤	操作标准	茶艺解说词
1. 开茶（金花盛开迎宾来）	用茶刀开砖取茶	茯砖茶以优质黑毛茶为原料，经过压制、发花等工序精心制作而成。其中发花是茯砖茶的特征性工艺。通过“金花”的作用，对人体降脂、降压有显著的效果。横切面金花颗粒粗大，色泽金黄鲜艳，菌花香(茯砖特有香味）明显。人们通常根据“金花”的质量和数量来判断茯砖茶品质的优劣
2. 配器（玉骨冰肌泛华彩）	茶具摆放有序，方便操作	好茶要有妙器配，精美的茶具不仅有更好的挥茶性，也能增加品茗的乐趣，冲泡茯茶一般选用湖南醴陵瓷质盖碗，公道杯、品茗杯等均采用上等优质的玻璃器皿，与茶“玉骨冰肌”的品性互为映衬，同时也利于欣赏茯砖茶美如琥珀的汤色
3. 煮水（静心烹煮选好泉）	静候水沸	精茗蕴香，供水而发，水是茶的知己、茶的灵魂，没有水的甘清轻冽，何来茶的香醇芬芳？在选用好水的同时，冲泡茯茶水温须达到 100 °C，此时壶内水珠涌动，水声萧萧，似竹林听涛，情趣盎然
4. 温杯（一片冰心在玉壶）	温杯洁具	将茶具用沸水反复冲洗，经过再次清洗，使玻璃器具更为剔透，宛如冰雪那样晶莹、美玉那样透明。同时寓意热情洋溢的我们对来宾的尊重和敬意
5. 投茶（金花飞入水晶宫）	取适量的茶放入盖碗中	将金花茂盛的茯砖茶投入盖碗中，冲泡茯茶时投放分量应视茶的陈放年份而定
6. 洗茶（金花沐浴香四溢）	将开水冲入碗中	茯茶经过紧压，茶身有一定的紧密度，需要通过洗茶温润才能使叶底充分舒展，茶汁才能浸出。此过程恰似美丽的金花洗去一路风尘，逐渐现出本来的姿容，散发出茯茶特有的菌花香

7. 候汤（茶香须经磨砺来）	等候茶水交融	壶内茶叶随着水的沸腾而上下舞动，茶在煎熬之间，将其精华释放，而水因茶中有效成分的融入，慢慢呈现出由浅至深的橙黄色，茶香满室，令人陶醉。这一过程好比人生的际遇，常须忍辱负重，历经千锤百炼，方得圆满
8. 出汤（玉碗盛来琥珀光）	将泡好的茶汤倒入茶海再分到品茗杯中	诗人李白曾作《客中行》“兰陵美酒郁金香，玉碗盛来琥珀光。”现在将晶莹剔透、色如琥珀的茶汤注入壶中，透过晶莹的玻璃茶具，汤色如琥珀流光，美不胜收，呈现出生命活力的光泽和喜悦的人生状态
9. 奉茶（纤纤玉手献金花）	将冲泡好的茶敬奉给各位嘉宾，并奉上真诚的祝福	“茯茶”之名缘于传统制作要求在“伏天”进行，“茯”与“福”同音，寓意人们对幸福美满的向往
10. 品茶（饮罢清风生两腋）	细品香茗	杯中茶汤如琥珀，晶莹剔透，香气纯正，让人心旷神怡，饮过之后，顿觉舌根生津，满嘴留香，回味隽永，正如诗人所述“饮罢清风生两腋，馀香齿颊犹存”

2. 实训考核

黑茶茶艺表演达标测试表

班级：　　　　　组别：　　　　　姓名：

序号	测试内容	得分标准	分值	扣分	实际的分
1	备具	物品齐全、摆放整齐、具有美感、便于操作	10 分		
2	流程	步骤正确	20 分		
3	茶艺表演	手法正确	10 分		
4	茶艺解说	解说词正确，讲解到位	20 分		
5	表情、仪态	表情自然、仪态端庄	20 分		
6	礼仪	礼仪周全	20 分		
合计			100 分		

日期：　年　月　日　　　　　　　　　教师：

四、反馈练习

1. 熟记黑茶（安化黑茶）茶艺表演解说词。

2. 了解普洱茶生茶、熟茶的冲泡方式。	
教学反思	

模块五　茶艺表演

任务七　花茶茶艺表演

第　　课时

个案改错

学习目标	1. 了解茶艺表演的艺术特征。 2. 熟记花茶茶艺表演的解说词。 3. 掌握花茶茶艺表演的基本步骤。 4. 掌握花茶茶艺表演的要领。
学习重点	花茶茶艺表演的基本步骤。
学习难点	花茶茶艺表演的解说词。

一、自主学习

上节课知识练习（小组代表进行解说词比赛）：

黑茶（安化黑茶）茶艺表演解说词。

二、合作探究

活动一：

1. 学生通过收集资料，分小组探讨茶艺编排的相关知识（教师讲解，学生归纳总结重点）。

2. 教师示范并讲解花茶茶艺表演要领。

活动二：

1. 学生分组练习。

2. 教师指导并纠正学生练习。

3. 学生填写实训报告。

三、目标检测

1. 实训内容

花茶（碧潭飘雪）茶艺表演步骤及内容

步骤	操作内容	茶艺解说词
1. 备具	将器具按照操作顺序放在操作台上	花茶是诗一般的茶，它融茶之韵与花之香于一体，通过“引花茶，增茶味”，使花香、茶味珠联璧合，相得益彰。从花丛中，我们可以品出春天的气息，因为它有诗一般的韵味，所以冲泡和品饮时也要有诗一样美的程序
2. 展示器具	将器具一一向客人展示	采用从右到左的顺序，将茶盘上的器具及其作用一一向客人展示
3. 烫杯 （春江水暖鸭先知）	用开水将干净的茶具再烫洗一遍	“春江水暖鸭先知”是苏东坡的一句名诗，借助诗句的描述烫杯，是指冒着热气的洁白如玉的茶杯像一只只春江中游泳的小鸭子
4. 赏茶 （香花绿叶相扶持）	将茶叶拨入茶荷中，供客人品鉴干茶	也称目品，目的在于观察鉴赏花茶茶胚的质量、品种、工艺、细嫩程度等。花茶的茶胚多为优质绿茶，色绿质嫩，还混合有少量的茉莉花干，紧细匀整，有锋苗，花干洁白，极富诗意，令人心醉
5. 投茶 （落英缤纷玉杯里）	用茶拨将茶叶拨入盖碗杯中	当把花茶从茶荷中拨进洁白如玉的茶杯时，花干和茶叶飘进，恰如落英缤纷
6. 冲水 （春潮带雨晚来急）	采用高冲水的手法，沿杯壁循环注入热水	冲泡花茶讲究“高冲水”。用 90 °C 左右的开水直注入杯中，花茶随水浪上下翻滚，恰似春潮带雨晚来急
7. 孕香 （三才化育甘露美）	盖上壶盖，让茶叶和茶水闷 5～8 s，使茶中有益物质尽快溢出	泡花茶一般用三才杯，杯盖为天，杯托为地，茶杯为人，茶是“天涵之，地载之，人育之”的灵物，此过程象征天、地、人三才合一，共同化育茶中的精华

8. 敬茶 （盏香茗奉知己）	双手将茶奉送到客人面前	敬茶时双手捧杯，举杯齐眉，注目嘉宾行礼，从右至左依次奉茶
9. 闻香 （杯里清香浮情趣）	引导客人端起盖碗茶杯闻香	也称鼻品，一闻香气的鲜灵度，二闻香气的浓郁度，三闻香气的纯度。细闻茶香是一种精神享受，感觉到天、地、人之间有新鲜、浓郁、纯正、清和的花香，沁人心脾，使人心醉
10. 品茶 （舌端甘苦入心底）	品饮茶汤	又称口品，客人啜饮茶汤入口，细细品味，使其充分领略味轻醍醐、香薄兰芷的花香茶韵
11. 回味 （茶味人生细品悟）	细细品味	人们认为一杯茶中有人生百味，有的人"啜苦可励志",有的人"咽甘思报国"。无论茶是苦涩、甘鲜还是平和、醇厚，从一杯茶中人们都会有良多的感悟和联想，所以品茶重在回味
12. 谢茶 （饮罢两腋清风起）	茶艺师泡茶完毕，向宾客致意离席	唐代诗人卢仝在他传颂千古的《走笔谢孟谏议寄新茶》一诗中写出了品茶的绝妙感受。他写道："一碗喉吻润，两碗破孤闷。三碗搜枯肠，惟有文字五千卷。四碗发轻汗，平生不平事，尽向毛孔散。五碗肌骨清，六碗通仙灵，七碗吃不得也，惟觉两腋习习清风生。"茶是祛襟涤滞、致清导和，使人神清气爽、延年益寿的灵物，让我们共同干了这头道茶后，再请各位嘉宾慢慢自斟自品，去寻找卢仝七碗茶后"两腋习习清风生"的绝妙感受

2. 实训考核

花茶茶艺表演达标测试表

班级：　　　　　　　　组别：　　　　　　　　姓名：

序号	测试内容	得分标准	分值	扣分	实际的分
1	备具	物品齐全、摆放整齐、具有美感、便于操作	10分		
2	流程	步骤正确	20分		

3	茶艺表演	手法正确	10分		
4	茶艺解说	解说词正确，讲解到位	20分		
5	表情、仪态	表情自然、仪态端庄	20分		
6	礼仪	礼仪周全	20分		
合计			100分		

日期：　年　月　日　　　　　　　　教师：

四、反馈练习

1. 独立进行花茶（碧潭飘雪）茶艺表演。

2. 编创一份茶艺表演稿。

教学反思

模块六

茶席设计

茶艺导学案

模块六　茶席设计 **任务一　茶席设计的题材与构成** 第　　课时		个案改错
学习目标	1. 了解茶席设计的概念。 2. 懂得茶席设计的题材选择方向。 3. 能解读茶席设计作品的内涵。 4. 掌握茶席设计的构成要素与要求	
学习重点	茶席设计的概念。	
学习难点	能解读茶席设计作品的内涵。	

一、自主学习

上节课知识练习（小组代表进行解说词比赛）:
花茶（碧潭飘雪）茶艺表演解说词。

二、合作探究

活动一：

1. 学生通过收集资料，分小组探讨茶席设计的概念与题材选择（教师讲解，学生总结归纳重点）。

2. 教师展示并讲解茶席设计要素与要求。

活动二：

1. 学生分组按茶席主题与要求进行设计。

2. 教师现场指导并讲评。

3. 学生完成实训考核。

三、目标检测

1. 实训内容

茶席设计要素与要求

序号	构成要素	要求及其说明
1	茶品	茶是茶席设计的灵魂，因茶而产生的设计理念，往往会构成设计的主要线索，如茶的色彩、形状、名称等
2	茶具组合	①茶具组合是茶席设计的基础，也是茶席构成要素的主体。 ②茶具组合的基本特征是实用性和艺术性相融合。实用性决定艺术性，艺术性又服务于实用性。 ③茶具的质地、造型、体积、色彩、内涵等方面，应作为茶席设计的重要部分加以考虑，并使其在整个茶席布局中处于最显著的位置，以便于对茶席进行动态的演示
3	铺垫	①铺垫是茶席整体或局部物件摆放的铺垫物的统称。 ②铺垫的直接作用：一是使茶席中的器物不直接触及桌（地）面，以保持器物清洁；二是以自身的特征辅助器物共同完成茶席设计的主题。 ③铺垫的质地、款式、大小、色彩、花纹，应根据茶席设计的主题与立意，运用对称、不对称、烘托、反差、渲染等手段的不同要求加以选择
4	插花	①茶席中的插花，是为体现茶的精神，追求崇尚自然、朴实秀雅的风格。 ②其基本特征是：简洁、淡雅、小巧、精致。鲜花不求繁多，只插一两枝便能起到画龙点睛的效果。注重线条、构图的美和变化，以达到朴素大方，清雅绝俗的艺术效果
5	焚香	①焚香作为一种艺术形态融于整个茶席中，同时，它美好的气味弥漫于茶席四周的空间，使人在嗅觉上获得非常舒适的感受。 ②香炉在茶席中摆放的位置要把握3个原则：不夺香、不抢风、不当眼
6	挂画	①挂画是悬挂在茶席背景环境中书与画的统称。 ②书以汉字书法为主，画以中国画为主。 ③茶席挂轴除了书写名人诗词外，也可直接写明茶席设计的命题或茶道流派的名称

7	相关 工艺品	①不同的相关工艺品与主器具巧妙配合，往往会从人们的心理上引发一个个不同的心情故事，使不同的人产生相同的共鸣。 ②相关工艺品选择、摆放得当，常常会获得意想不到的效果
8	茶点茶果	①对在饮茶过程中佐茶的茶点、茶果和茶食的统称。 ②其主要特征是：分量较少，体积较小，制作精细，样式清雅
9	背景	①茶席的背景，是指为获得某种视觉效果，设定在茶席之后的艺术物态方式。 ②背景还起着视觉上的阻隔作用，使人在心理上获得某种程度的安全感
10	动态演示	包括茶艺表演的内容设计、流程、操作手法、背景音乐、服饰、解说词的设计

2. 实训考核

考核评分表

班级：　　　　　　　姓名：　　　　　　　考核内容：茶席设计

序号	测试项目	应得分	自评分	小组评分	教师评分
1	茶品	10 分			
2	茶具组合	10 分			
3	铺垫	10 分			
4	插花	10 分			
5	焚香	10 分			
6	挂画	10 分			
7	相关工艺品	10 分			
8	茶点、茶果	10 分			
9	背景	10 分			
10	动态演示	30 分			
合计		120 分			

日期：　年　月　日　　　　　　　　教师：

四、反馈练习

1. 什么是茶席设计？

2. 茶席设计的题材如何选择？ 3. 茶席设计有哪些设计要素？	
教学反思	

模块六 茶席设计

任务二 茶席设计结构与服饰、背景设计

个案改错

第　　课时

学习目标	1. 了解动态演示中的服饰选择。 2. 懂得动态演示中服饰的搭配。 3. 了解茶席背景设计的类型与依据。 4. 了解茶席结构设计类型。 5. 能独立完成茶席设计结构中各类型的呈现方式。
学习重点	茶席背景设计的类型与依据。
学习难点	能独立完成茶席设计结构中各类型的呈现方式。

一、自主学习

上节课知识练习（填空题）：

1. （　　　）是茶席设计的灵魂，因茶而产生的（　　　），往往会构成设计的主要线索，如茶的色彩、形状、名称等。

2. （　　　　）是茶席设计的基础，也是茶席构成要素的（　　　　　）。

3. （　　　　）是茶席整体或局部物件摆放的铺垫物的统称。

4. 茶席中的插花，是为体现茶的精神，追求（　　　　　）、（　　　　　）的风格。

5. 书以（　　　）书法为主，画以（　　　）为主。

二、合作探究

活动一：

1. 学生通过收集资料，分小组探讨茶席设计中的服饰选择与搭配（教师讲解，学生总结归纳重点）。

2. 教师现场展示并讲解茶席设计构成类型。

活动二:

1. 学生分组练习不同的茶席结构类型。

2. 教师现场指导并讲评。

3. 学生完成实训考核。

三、目标检测

1. 实训内容

茶席结构设计

<table>
<tr><th>类型</th><th colspan="2">特点</th></tr>
<tr><td>1. 中心结构式</td><td colspan="2">指在茶席有限的铺垫或表现空间内，以空间中心为结构核心点，其他各因素均围绕结构核心来表现相互关系的结构方式。中心结构式属传统结构方式。结构的核心往往以主器物来体现，非常注重器物的大小、高低、多少、远近、前后左右照应</td></tr>
<tr><td rowspan="3">2. 多元结构式</td><td>流线式
</td><td>以地面结构为多见。一般常为地面铺垫的自由倾斜状态。在器物摆置上无结构中心，而是不分大小、不分高低、不分前后左右，仅是从头到尾，信手摆来，整体铺垫呈流线型</td></tr>
<tr><td>散落式
</td><td>一般表现为铺垫平整，器物基本规则，其他装饰品自由散落于铺垫之上。例如，将花瓣或富有个性的树叶、卵石等不经意地撒落在器物之间。散落式表面看似落叶缤纷，实则表现了人在草木中的闲适心情</td></tr>
<tr><td>桌、地面组合式
</td><td>属现代改良的传统结构式。其结构核心在地面，地面承以桌面，地面又以器物为结构核心点。一般置于地面的器物，其体积要求比桌面的器物稍大，如偏小，则成饰物，会表现出强烈的失重感</td></tr>
</table>

2. 多元结构式	器物反传统式 	多用于表演性茶道的茶席。此类茶席在茶具的结构上、器物的摆置上一反传统的结构样式，具有一定的艺术独创性，又以深厚的茶文化传统为基础，使结构全新化而又不离一般的结构规律，常给人耳目一新的感觉
	主体淹没式 	常见于一些茶艺馆、茶道馆仿日式茶室的茶室布置。为适合不同茶客的需求，在茶席主器物上，以不同的形状重复摆放，但摆放仍有结构的规律。例如，在长短比例、高低位置、远近距离等方面仍十分讲究，使复杂美的结构方式得以充分体现

2. 实训考核

考核评分表

班级： 姓名： 考核内容：茶席设计结构

序号	测试内容	应得分	自评分	小组评分	教师评分
1	中心结构式	15 分			
2	流线式	15 分			
3	散落式	15 分			
4	桌、地面组合式	15 分			
5	器物反传统式	15 分			
6	主体淹没式	15 分			
7	整体效果	10 分			
合计		100 分			

日期： 年 月 日 教师：

四、反馈练习

1. 茶席动态演示中服饰的选择与搭配有哪些方法？

2. 茶席设计中背景设计的类型与依据有哪些？

3. 茶席结构设计的类型有哪些？

教学反思

<table>
<tr><td colspan="2">模块六　茶席设计
任务三　茶席插花
第　　课时</td><td>个案改错</td></tr>
<tr><td>学习目标</td><td>1. 了解茶席插花的特点。
2. 熟悉常用茶席插花花材的花语与禁忌。
3. 能够独立完成不同类型的茶席插花。</td><td rowspan="4"></td></tr>
<tr><td>学习重点</td><td>常用茶席插花花材的花语与禁忌。</td></tr>
<tr><td>学习难点</td><td>能够独立完成不同类型的茶席插花。</td></tr>
<tr><td colspan="2">

一、自主学习

上节课知识练习（填空题）：

1. 茶席结构设计的类型分为（　　　　）、（　　　　）。

2. 茶席设计中多元结构式又可分为流线式，（　　　　），桌、地面结合式，（　　　　），主体淹没式。

3. 多用于表演性茶道的茶席是（　　　　）。

4. （　　　　）指在茶席有限的铺垫或表现空间内，以空间中心为结构核心点。

二、合作探究

活动一：

1. 学生通过收集资料，分小组探讨茶席插花的基本知识（教师讲解，学生归纳总结重点）。

2. 教师现场示范并讲解不同类型的茶席插花的要求与要领。

活动二：

1. 学生分组练习不同类型的茶席插花。

</td></tr>
</table>

2. 教师现场指导并讲评。

3. 学生完成实训考核。

三、目标检测

1. 实训内容

茶席插花的类型

类型	特点	构图形式
直立式 	表现植株直立生长的形态，以第一主枝基本呈直立状为基准，所有插入的花卉都呈自然向上的势头，趋势也保持朝着一个方向，整个作品充满蒸蒸向上的勃勃生机	第一主枝在花器中必须插成直立状；第二主枝插在第一主枝的一侧略有倾斜；第三主枝插在第一主枝的另一侧也略倾斜。后两枝花要求与第一枝花相呼应，形成一个整体。3 枝主枝均不能有大的弯曲度
倾斜式 	以第一主枝倾斜于花器一侧为标志。这种形式具有一定的自然状态，如同风雨过后那些被吹、压弯的枝条，重又伸展向上生长，蕴含着不屈不挠的顽强精神，又可有临水花木那种疏影横斜的韵味	第一主枝表现的位置是在垂直线左右各 30°之外，至水平线以下 30°位置的 2 个 90°的范围内。第二、第三主枝围绕第一主枝进行排列变化，可以呈直立状，也可以是下垂状，以与第一主枝形成最佳呼应为原则，保持统一的趋势
下垂式 	又称悬崖式插花，是以第一主枝在花器上悬挂下垂作为主要造型特征的插花形式。形如高山流水、瀑布倾斜，又似悬崖上的古藤悬挂。枝条要求柔软轻曼，轻流舒畅，使其线条简练而又夸张	第一主枝插入花器的位置，是由上向下弯曲在平行线以下 30°以外的 120°范围内。第二、第三主枝的插入，主要是起到稳定重心和完善作品的作用。插入的位置可以有所变化，但同样需要保持趋势的一致性，不能各有所向

平卧式 	全部花材在一个平面上表现出来的插花形式。造型如同花卉匍匐状姿态，其间没有高低层次的变化，只有左右向的长短伸缩，给人以对生活的无限热爱和依恋的感觉	第一主枝平行伸展，其他枝叶花束基本上在一个平面上，但每枝花的插入是有长有短，有远有近，也能形成动势。一般情况下，枝条在水平线上下各15°的范围内进行变化。各枝条之间应达成一定的平稳关系，但不是绝对的水平

2. 实训考核

考核评分表

班级：　　　　姓名：　　　　　　　　　　测试内容：茶艺插花

序号	测试项目	应得分	自评分	小组评分	教师评分
1	构思：独特有创意	30 分			
2	色彩：淡雅	20 分			
3	造型：小巧精致	30 分			
4	固定：牢固	20 分			
合计		100 分			

日期：　年　月　日　　　　　　　　　教师：

四、反馈练习

1. 了解更多常用花的花语。

2. 茶席插花的类型有哪些？

3. 如何选择茶席插花的花器？

教学反思

茶艺导学案

模块六　茶席设计 任务四　茶点茶果设计 第　　课时		个案改错
学习目标	1. 了解茶点茶果的种类。 2. 熟悉茶点茶果与盛装器皿搭配的一般规律。 3. 能够独立完成不同情况下的茶点茶果配置。	
学习重点	茶点茶果与盛装器皿搭配的一般规律。	
学习难点	能够独立完成不同情况下的茶点茶果配置。	

一、自主学习

上节课知识练习（识图写名称）：

名称：

名称：

名称：

名称：

二、合作探究

活动一：

1. 学生通过收集资料，分小组探讨茶点茶果基础知识（教师讲解，学生归纳总结重点）。

2. 教师现场示范并讲解茶点茶果的配置与摆放。

活动二：

1. 学生分组练习。

2. 教师现场指导并讲评。

3. 学生完成实训考核。

三、目标检测

1. 实训内容

根据不同情况配置茶点茶果

选择依据	茶点茶果配置	
根据不同的茶选择	品绿茶	可选择些甜食，如干果类的桂圆、蜜饯、金橘饼等
	品红茶	可选择一些口味甘酸的茶果，如杨梅干、葡萄干、话梅、橄榄等
	品乌龙茶	可选择一些口味偏重的咸茶食，如椒盐瓜子、怪味豆、笋干丝、鱿鱼丝、牛肉干、咸菜干、鱼片、酱油瓜子等
根据不同的季节选择	春天	脱去沉重的冬装，仰面吸入春的气息，低头尽是春花欲放，人的心情也会随之清新起来。这时品茶，可选择带有薄荷香味的糖果、桃酥、香糕、玫瑰瓜子等，使花香、果香一并进入口中
	夏天	踏着夜色去茶馆，柳枝轻拂，月光如水，路边小溪闪亮着银色的光。此刻品茗，佐以鲜果，如菠萝、杏子、西瓜、樱桃、葡萄、荔枝、芒果、山楂、哈密瓜……水分要多一点的，味道要甜一点的，说说你的儿女情长，谈谈我的家长里短

根据不同的季节选择	秋天	天高气也爽，择个周末，或午或晨，泡上一壶安溪铁观音，那股清甜的香气顷刻在你我鼻间飘荡。先品上几小杯，过一把茶瘾，再捧来热腾腾的水晶饺、蒸饺、珍珠西米盏、烧麦、小笼包、生煎馒头，尝一口，再尝一口，哪顾得上说乔迁、升职、嫁女、育儿，那种惬意，全在一品一尝，一尝一品中
	冬天	瑞雪刚住，耳边就响起古刹老僧的喊：吃茶去！是哪家馆主拾和新炭添入炉？暖暖的，映红你我的脸。酽茶融融，又见满桌开心果、香酥核桃仁、栗子、茶香葵花子、蜜枣、姜片、桂花糖。茶香情浓，令人回味无穷
根据不同的日子选择	过生日	喝奶茶，自然是选配糕糖甜点类
	重阳节	品绿茶，用绿豆糕、云片糕类佐茶，父母、爷爷奶奶辈一看就高兴
	端午节	品宁红，粽子是主打
	中秋节	品单枞，配鱼片、鸡丝、牛肉干，一定受欢迎
根据不同的人选择	老友聚会	重相逢，笑谈当年都称雄。说累了，说饿了，多端些汤圆，圆圆满满如当下的日子，甜甜蜜蜜如逝去的往事
	请老人	年岁不饶人，应选择如汤圆、四喜饺子、绿茶粥之类宜牙的湿点
	请上司	多多沟通感情，宜选择奶香葵花子、奶油南瓜子、五香西瓜子之类
	请情人	应选甜点，果奶冻、茶糖串、薯条、三丝卷、杏仁糕，都是上品。若嫌时光快，再添开心果
	请同学	多选些干果，如话梅、果丹皮、金橘饼、青梅干。不谈当年那块橡皮，也不谈中间那道“三八线”，就让青梅一般的童年，甜甜酸酸沁人心田
	请亲戚	叽叽喳喳话匣子总关不住，挤不上说的就嗑瓜子，多选些花生、青豆、百果、核桃、葵花子

2. 实训考核

考核评分表

班级：　　　　　　　　姓名：　　　　　　　　测试内容：茶果茶点配置

序号	测试项目	应得分	自评分	小组评分	教师评分
1	根据不同的茶配置	25 分			
2	根据不同的季节配置	25 分			

3	根据不同的日子配置	25 分			
4	根据不同的人配置	25 分			
合计		100 分			

日期： 年 月 日 教师：

四、反馈练习

1. 茶点茶果的种类有哪些？

2. 怎样根据茶点茶果选择盛装器皿？

教学反思

模块六　茶席设计

任务五　焚香、背景音乐与相关艺术品设计

个案改错

第　　课时

学习目标	1. 了解茶席中自然香料的种类。 2. 了解茶席中香品的样式。 3. 了解茶艺表演的音乐特色。 4. 熟悉适合各类茶席设计的适宜音乐。 5. 掌握香炉在茶席中正确的摆放位置。 6. 能够独立完成相关艺术品的设计与摆放。
学习重点	茶席中自然香料的种类。
学习难点	能够独立完成相关艺术品的设计与摆放。

一、自主学习

上节课知识练习（填写表格）：

根据不同的日子选择	过生日	
	重阳节	
	端午节	
	中秋节	

二、合作探究

活动一：

1. 学生通过收集资料，分小组探讨焚香与背景音乐的相关知识（教师讲解，学生归纳总结重点）。

2. 教师现场示范并讲解相关艺术品的选择与摆放效果。

活动二：

1. 学生分组练习。

2. 教师现场指导并讲评。

3. 学生完成实训考核。

三、目标检测

茶席设计中相关工艺品设计

选择和陈设原则	类别	举例
多而不淹器， 小而看得清	自然物类	
	生活用品类	
	艺术品类	
	宗教用品类	
	传统劳动用具	
	历史文物类	

四、反馈练习

1. 茶席中自然香料的种类有哪些？

2. 香炉在茶席中的摆放应遵循什么原则？为什么？

3. 哪些音乐适合作为绿茶茶艺、红茶茶艺、青茶茶艺、花茶茶艺的背景音乐？

教学反思

模块七

饮茶习俗

模块七　饮茶习俗

任务一　中国各民族饮茶习俗

第　　　课时

个案改错

学习目标	1. 了解我国各民族不同的饮茶习惯。 2. 掌握汉族最具特色的饮茶习俗。 3. 能够熟练讲解不同民族饮茶特点。 4. 掌握不同民族饮茶礼仪。
学习重点	我国各民族不同的饮茶习惯。
学习难点	不同民族饮茶礼仪。

一、自主学习

上节课知识练习（简答题）：

1. 罗列 3 ~ 5 首中国古典名曲。

2. 罗列 3 ~ 5 首近代作曲家专门为品茶而谱写的音乐。

二、合作探究

活动一：

1. 学生通过收集资料，分小组探讨汉族饮茶习俗（教师讲解，学生归纳总结重点）。

2. 教师展示并讲解少数民族饮茶习俗。

活动二：

1. 学生分组练习各民族茶俗知识竞答。

2. 学生完成实训考核。

三、目标检测

1. 能力训练

各民族茶俗知识竞赛

操作项目	内容及标准
参加人选	每6人一组，每组选代表参加必答；抢答本组人员均可
我国各民族茶俗知识必答	根据各民族茶俗知识内容出50道题，抽答10道
我国各民族茶俗知识抢答	根据各民族茶俗知识内容出50道题，抢答10道
茶俗知识竞赛活动颁奖	根据最终累计分，评出茶俗知识竞赛优胜者，予以奖励

2. 实训考核

技能考核表

班级：　　小组：　　考核内容：各民族茶俗知识竞赛

考核内容	考核要点	分值	小组互评	教师评分
礼仪	活动现场表情自然、仪态大方、抢答有礼	20分		
茶俗知识	表述准确、完整	60分		
团队精神	全体参与、分工协作	20分		
合计		100分		

日期：　年　月　日　　教师：

四、反馈练习

1. 中国的饮茶习俗有哪些类型？

2. 汉族有哪些最具代表性的地方饮茶习俗？每个地方的茶俗反映了什么茶文化主题？

3. 简述藏族“酥油茶”、蒙古族“咸奶茶”、土家族“擂茶”、纳西族“龙虎斗”、白族“三道茶”的茶俗。

教学反思

模块七 饮茶习俗

任务二 世界各国饮茶习俗

第 课时

个案改错

学习目标	1. 了解世界饮茶国不同的饮茶习俗。 2. 知晓世界不同国家的饮茶特点。 3. 熟练掌握不同国家饮茶的相关茶礼。 4. 能够讲解各国饮茶习俗。
学习重点	世界饮茶国不同的饮茶习俗。
学习难点	讲解各国饮茶习俗。

一、自主学习

上节课知识练习（表格填空）：

民族	饮茶习俗	备注
藏族		
蒙古族		
维吾尔族		
哈萨克族		
回族		
苗族		
土家族		
侗族		
瑶族		
壮族		
傈僳族		
拉祜族		
佤族		
纳西族		
白族		
傣族		
景颇族		

二、合作探究

活动一：

1. 学生通过收集资料，分小组探讨各饮茶国的饮茶习俗（教师讲解，学生归纳总结重点）。

2. 教师示范并讲解饮茶国饮茶特点。

活动二：

1. 学生分组练习各国茶俗知识竞答。

2. 学生完成实训考核。

三、目标检测

1. 能力训练

世界饮茶国茶俗知识竞赛

操作项目	内容及标准
参加人选	每 6 人一组，每组选代表参加必答；抢答本组人员均可
世界饮茶国茶俗知识必答	根据各国茶俗知识内容出 50 道题，抽答 10 道
世界饮茶国茶俗知识抢答	根据各国茶俗知识内容出 50 道题，抢答 10 道
茶俗知识竞赛活动颁奖	根据最终累计分，评出茶俗知识竞赛优胜者，予以奖励

2. 实训考核

技能考核表

班级：　　小组：　　考核内容：世界饮茶国茶俗知识竞赛

考核内容	考核要点	分值	小组互评	教师评分
礼仪	活动现场表情自然、仪态大方、抢答有礼	20 分		
茶俗知识	表述准确、完整	60 分		
团队精神	全体参与、分工协作	20 分		
合计		100 分		

日期：　年　月　日　　教师：

四、反馈练习 1. 日本、韩国的茶文化在哪些方面受中国茶文化影响？ 2. 印度饮茶习俗和斯里兰卡饮茶习俗有哪些不同？ 3. 英国茶文化是如何发展起来的？	
教学反思	

模块八

茶艺师职业素养

模块八　茶艺师职业素养

任务一　茶艺师职业道德与礼仪素养

第　　课时

个案改错

学习目标	1. 了解茶艺师职业道德的内容。 2. 理解职业道德对茶艺从业人员的重要性。 3. 掌握茶艺师礼貌用语。 4. 掌握茶艺师常用手势。
学习重点	茶艺师职业道德的内容。
学习难点	职业道德对茶艺从业人员的重要性。

一、自主学习

上节课知识练习（表格填空）：

国家	饮茶习俗	备注
日本		
韩国		
印度		
斯里兰卡		
马来西亚		
巴基斯坦		
土耳其		
新加坡		
泰国		
越南		

二、合作探究

活动一：

1. 学生通过收集资料，分小组探讨茶艺师职业道德的内容（教师讲解，学生归纳总结重点）。

2. 教师示范并讲解茶艺服务用语的规范。

活动二：

1. 教师示范并讲解常用礼仪的规范与标准。

2. 学生分组练习。

3. 学生完成实训考核。

三、目标检测

1. 实训内容

茶艺礼仪训练

项目	动作要领
1. 微笑	① 对镜子摆好姿势，像婴儿咿呀学语时那样，说“E”，让嘴两端朝后缩，微张双唇。 ② 轻轻浅笑，减弱“E”的程度，这时可感觉到颧骨被拉向斜后上方。 ③ 相同的动作反复几次，直到感觉自然为止
2. 伸手礼	① 行伸手礼时应五指自然并拢，手心向上，左手或右手从胸前自然向左或向右前伸。 ② 伸手礼是在请客人帮助传递茶杯或其他物品时采用的礼节，一般应同时讲“请”或“谢谢”
3. 注目礼与点头礼	① 注目礼即茶艺人员的眼睛庄重而专注地看着对方。 ② 点头礼即点头致意。 ③ 这两个礼节一般在茶艺人员向客人敬茶或奉上物品时联合应用
4. 叩手礼	① 长辈或上级给晚辈或下级斟茶时，晚辈或下级必须用双手指作跪拜状叩击桌面两三下。 ② 晚辈或下级为长辈或上级斟茶时，长辈或上级只需单指叩桌面两三下表示感谢。 ③ 有的地方在同辈之间敬茶或斟茶时，单指叩击表示“我谢谢你”，双指叩击表示“我和我先生（太太）谢谢你”，三指叩击表示“我们全家人都谢谢你”

5. 握手礼	① 握手强调“五到”，即身到、笑到、手到、眼到、问候到。 ② 握手时双方的上身应微微向前倾斜，面带微笑，同时伸出右手和对方的右手相握。 ③ 眼睛要平视对方的眼睛，同时寒暄问候。 ④ 握手时，伸手的先后顺序：贵宾先，长者先，主人先，女士先。 ⑤ 握手时间一般在3~5 s为宜，握手力度必须适中，握手要讲究卫生
6. 置茶礼	① 玻璃直身杯：拿杯具2/3以下的地方。 ② 品茗小杯：使用杯叉，避免手指接触杯口
7. 奉茶礼	①“举杯齐眉”：即将盛放品茗杯与闻香杯的茶托举到齐眉的位置，以表示对客人的尊敬，以及对茶和自然的尊敬。 ②手势：在奉茶时要求双手敬上，适时运用“注目礼”“伸手礼”“点头礼”
8. 寓意礼	①“凤凰三点头”：手提水壶高冲低斟反复三次，寓意是向客人三鞠躬以示欢迎。 ②“高冲水”：高冲长流水不断，寓意幸福长流水。 ③“逆时针巡茶”：表示招手“来!来!来!”的意思，欢迎客人来观看，若相反方向操作，则表示挥手“去!去!去!”的意思。 ④“斟茶七分满”：寓意酒满敬人，茶满欺人

2. 实训考核

考核评分表

班级：　　　　姓名：　　　　考核内容：茶艺师礼仪

序号	测试项目	应得分	自评分	小组评分	教师评分
1	微笑	20分			
2	伸手礼	10分			
3	注目礼与点头礼	10分			
4	叩手礼	10分			
5	握手礼	10分			
6	置茶礼	10分			
7	奉茶礼	10分			
8	寓意礼	20分			
合计		100分			

日期：　年　月　日　　　　教师：

四、反馈练习

1. 简述茶艺师的职业道德内容。

2. 熟练运用常用礼貌用语。

3. 课后按课堂要求练习常用礼仪。

教学反思

茶艺导学案

模块八　茶艺师职业素养

任务二　茶艺师形象礼仪之仪容仪表

第　　课时

个案改错

学习目标	1. 了解茶艺师化妆流程与要求。 2. 熟悉茶艺师仪表的要求。 3. 掌握茶艺师化妆技巧。
学习重点	了解茶艺师化妆流程与要求。
学习难点	茶艺师仪表的要求。

一、自主学习

上节课知识练习（填空题）：

1. 行伸手礼时应五指（　　），手心向（　　），左手或右手从胸前自然向左或向右前伸。

2. （　　）即茶艺人员的眼睛庄重而专注地看着对方。

3. （　　）、（　　）一般在茶艺人员向客人敬茶或奉上物品时联合应用。

4. 握手强调“五到”，即（　　）、（　　）、（　　）、（　　）、（　　）。

5. 握手时，伸手的先后顺序：（　　）先，（　　）先，（　　）先，（　　）先。

6. （　　）即将盛放品茗杯与闻香杯的茶托举到齐眉的位置，以表示对客人的尊敬，以及对茶和自然的尊敬。

7. “斟茶（　　）满”：寓意酒满敬人，茶满欺人。

二、合作探究

活动一：

1. 学生通过收集资料，分小组探讨茶艺师仪表要求（教师讲解，学生归纳总结重点）。

2. 教师示范并讲解茶艺师化妆技巧。

活动二：

1. 学生独自练习（化妆）。

2. 学生完成实训考核。

三、目标检测

1. 实训内容

茶艺师的化妆技巧

步骤	操作标准
1. 妆前准备	① 洗净双手并擦干。 ② 将面部用清水洗后，保持微湿状态。 ③ 选择适合自己皮肤特点的洗面用品。 ④ 将洁面乳或洗面奶在手心中搓揉开，然后均匀涂抹在整个面部，特别注意额头 T 部位。 ⑤ 1～2 min 后，将面部清洗干净。 ⑥ 洗脸的重点是用温水双手掬水拍打在脸上，利用溅起的水花彻底冲掉脸上的泡沫。 ⑦ 除了鼻子以外，脸部其他地方皆可轻轻地洗，鼻子周围要直接用手去揉搓才洗得干净。 ⑧ 洗脸后不要马上用毛巾擦脸，先用双手拍脸，然后用毛巾吸干水分。不要用摩擦的方式，而是用毛巾轻压脸部。 ⑨ 用爽肤水轻拍全脸，再抹上护肤液，最后涂上隔离保护霜使肌肤表面滋润并形成薄膜，有效隔离紫外线及化妆品粉垢
2. 底妆	① 选择与自己肤色接近的粉底液，将粉底倒在手背上，用八分干两分湿的海绵蘸上粉底后，再慢慢由上往下在全脸、耳朵及脖子上均匀涂抹。 程序为：从脸颊内侧涂到脸颊外侧→眼睑部位的涂抹→鼻下→唇部四周→下巴（另一边亦相同）→额头部分由下往上朝发际方向涂抹→用海绵修饰发际及下颚边缘→以海绵轻拍整个脸部。 ② 抹上粉底液后，再依两颊、额头、鼻子、下巴的顺序用粉扑扑上粉，轻拍各部位，量要均匀，令妆容持久不易脱落。 ③ 用修面刷（必须用大刷）刷均匀，特别是额头、发际也要刷几下才行，浓淡不均会使整个脸部失调。 ④ 眉形可用眉刷清一下，刷掉多余的粉底霜和粉。 ⑤ 扑完粉后，要上下仔细瞧瞧，看看是否完整无遗

3. 眉妆		① 眉毛太粗或太乱的人先对眉形加以修整。 ② 画眉前先用小眉刷由眉头到眉梢、由下往上对眉毛进行梳理。 ③ 用眉刷蘸灰色眼影，涂在眉上，可以形成自然的眉形。 ④ 选择与发色相近或稍浅颜色的眉笔，用眉笔的笔尖顺着眉毛生长的方向逐笔描画，画眉时动作要轻，力度要一致，通过笔画的疏密来控制眉色的深浅。 ⑤ 由眉头处开始到眉峰处为止是渐渐上升的，到眉峰达到最高，再由眉峰处至眉梢处下降，眉形自然变细。注意色彩均匀，眉头最浅，眉尾次深，但由深至浅不要有明显的痕迹，这样眉毛才自然立体。 ⑥ 眉行淡者宜先涂淡淡的棕色眼影，再用眉笔描绘。 ⑦ 画完后，用螺旋形的眉刷或是斜角眉刷沿眉形将眉毛和描画的颜色充分融合在一起。 ⑧ 最后可以刷上适量的睫毛膏以增强立体感	
4. 眼妆	眼影	① 刷子蘸上眼影后，在手背上刷掉多余的眼影，然后再涂在上眼睑上。 ② 选用大地色眼影，用稍小的眼影刷蘸上眼影，从内眼角向眼尾方向均匀涂抹（靠近眼睫毛处）。 ③ 接下来是眉下部分提亮，选用比肤色亮的颜色或白色，用稍大的眼影刷从眼尾向内眼角方向涂抹。 ④ 为了使眼睛更富有立体感，在上眼睑涂上白色眼影。 ⑤ 最后用刷子刷匀	
	眼线	① 初学者最好用眼线笔画眼线，也可使用眼线液，但要格外小心，必须慢慢沿着睫毛根侧描绘。 ② 画下眼线时，左手轻轻地按住下眼睑，右手握笔，慢慢地从睫毛边侧画起。 ③ 将重点放在眼角上，水平式或微翘式都可以。眼线画完后，将外眼角重复涂上棕色或茶色眼影，这样会让你更加明艳动人	
	睫毛	① 先用睫毛刷把睫毛刷出清晰的层次。把脸部稍稍抬起，用干净的睫毛夹顺势夹住睫毛，稍稍用力晃动两三下，使平直的睫毛微微向上翘起。 ② 将睫毛夹卷后涂上睫毛膏。先涂上睫毛上侧，而且需自根涂起，再涂上睫毛下侧，宜涂少些，才会显得自然，然后涂一次靠眼尾睫毛部分。 ③ 涂下睫毛时，将睫毛膏棒竖起横向涂抹，较容易上染。 ④ 用眉梳梳除多余的睫毛膏，忌用手	

5. 唇妆	润唇膏打底，为唇部肌肤做最基本的保护。 ① 用唇线笔勾画唇线，先画上嘴唇的轮廓，由嘴唇中央往上以弧线画出唇峰，再向嘴角延伸（左右两边唇线必须对称）。 ② 接着画下嘴唇唇线，张开嘴画嘴角轮廓，上下嘴唇间的连接应自然、清晰。 ③ 拉直下巴，嘴角稍微抿紧，做出微笑状，用唇刷蘸取唇膏或直接用唇膏由唇部中心向嘴角开始涂抹，均匀地涂满整个嘴唇，注意不能越出唇线。 ④ 用面巾纸吸走多余色彩，再重复涂抹唇膏。 ⑤ 最后加上透明唇彩增添双唇的色彩
6. 腮红	① 确定腮红的基本范围：先做微笑状态，从下眼线处空出一个食指的宽度，找出颧骨的位置，此为上限；然后以眼球为中心向下找垂直线，与鼻端平行线正交，此为下限；上、下限之间再与耳垂、太阳穴两点形成的扇形区域最为恰当。 ② 用大胭脂刷均匀蘸些胭脂，以打圈方式沿着下限位置向太阳穴方向刷即可。 ③ 扑上干粉，可修饰过量的腮红，同时能锁定妆容；或者用棉片抹去过量的胭脂即可
7. 修补	检查化妆的整体效果，并进行必要的补充
8. 清洁工具	清洁化妆工具

2. 实训考核

考核评分表

班级：　　　　　　　　　　姓名：　　　　　　　　　　考核内容：茶艺师化妆技巧

序号	测试项目	应得分	自评分	小组评分	教师评分
1	妆前准备	20 分			
2	粉底	30 分			
3	眉妆	20 分			
4	眼妆	30 分			
合计		100 分			

日期：　年　月　日　　　　　　　　　　教师：

四、反馈练习

1. 简述茶艺师的仪容仪表要求。

2. 按茶艺师化妆流程与要求进行课后练习。	
教学反思	

茶艺导学案

<table>
<tr><td colspan="2">模块八　茶艺师职业素养
任务三　茶艺师形象礼仪之仪态
第　　课时</td><td>个案改错</td></tr>
<tr><td>学习目标</td><td>1. 了解茶艺师仪态包含的内容
2. 熟知茶艺师仪态的注意事项
3. 掌握茶艺师正确的站姿、坐姿、走姿、蹲姿
4. 掌握茶艺师鞠躬礼的方式与要求</td><td rowspan="4"></td></tr>
<tr><td>学习重点</td><td>茶艺师仪态包含的内容</td></tr>
<tr><td>学习难点</td><td>茶艺师仪态的注意事项</td></tr>
<tr><td colspan="2">

一、自主学习

上节课知识练习（简答题）：

茶艺师的化妆步骤有哪些？

二、合作探究

活动一：

1. 学生通过收集资料，分小组探讨茶艺师仪态及注意事项（教师讲解，学生归纳总结重点）。

2. 教师示范并讲解茶艺师基本仪态、鞠躬礼的要求与标准。

活动二：

1. 学生分组练习。

2. 学生完成实训考核。

</td></tr>
</table>

三、目标检测

1. 实训内容

茶艺师的基本服务姿态

<table>
<tr><th>项目</th><th colspan="2">动作要领</th></tr>
<tr><td>1.
站姿</td><td colspan="2">① 姿势端正，两脚跟并拢，脚尖略分开，呈 45°～60°。
② 双腿合拢直立，身体重心落在两脚中间，挺胸收腹，微收下颌。
③ 双臂自然下垂，双手自然交叉相握（右手在上，左手在下）摆放于腹前。
④ 两眼平视，嘴微闭，面带微笑</td></tr>
<tr><td rowspan="4">2.
坐姿</td><td>（1）
正式坐姿</td><td>① 入座时，走到座位前转身，右脚后退半步，左脚跟上，轻稳地坐下。
② 不要将椅子坐满，一般只坐椅子的 1/2 或者 1/3。
③ 坐下后，上身正直，双肩放松：头正目平，下颚微收，双眼可平视或略垂视，面部表情自然。
④ 两膝间的距离，男性以松开一拳为宜，女性则双腿并拢，与身体垂直放置，或左脚在前，右脚在后交叉呈直线。
⑤ 女性右手在上左手在下，下虎口交握，放置于胸前或面前桌沿；男性双手分开与肩同宽，半握拳轻搭于前方桌沿。
⑥ 表情自然，面带微笑</td></tr>
<tr><td>（2）
侧点坐姿</td><td>双腿并拢偏向一侧斜坐，脚踝可以交叉，双手如正式坐姿时交握轻搭在腿部</td></tr>
<tr><td>（3）
跪式坐姿</td><td>① 双膝跪于坐垫上，双脚背相搭。
② 臀部坐在双脚上，腰挺直，上身如站立姿态，头顶有上拔之感，坐姿安稳，双手搭前</td></tr>
<tr><td>（4）
盘腿坐姿</td><td>盘腿坐姿一般适合于穿长衫的男性或者表演宗教茶道。
① 双手将衣服下摆撩起，徐徐坐下。
② 衣服后层下端铺平，右脚置于左脚下，用双手将前面衣服下摆稍稍提起，不可露膝。
③ 将左脚置于右腿下，最后将右脚置于左腿下</td></tr>
<tr><td>3.
走姿</td><td>（1）
前行步</td><td>① 上身正直，眼睛平视，面带微笑；肩部放松，手指自然弯曲，双臂自然前后摆动，摆幅约 35 cm，如果在狭小的空间及场地中行走，也可采取双手交叉相握于腹前姿势。
② 行走时身体重心略向前倾，两脚走路呈直线，步幅以 20～30 cm 为宜。迈步要稳，切忌过急。步幅小，步子轻，不左右摇晃，用眼梢辨方向、找目标，是保持正确走姿的要领</td></tr>
</table>

3. 走姿	（2）后退步	① 当奉上茶后离开客人时，转身就走是不礼貌的行为，应该向后退一两步，然后转身离去。 ② 退步时脚轻擦地面，勿抬高小腿，后退的幅度要小，两腿之间的距离不宜过大。转体时要身先转，头稍后一些转。在茶艺表演结束时或者离开舞台时，都应后退一两步，方法同上
	（3）侧行步	当走在前面引领宾客时，要尽量走在宾客的左侧前后。髋部朝着前行的方向，身稍向右转体，左肩稍前，右肩稍后，侧身向着宾客，保持两三步的距离
4. 蹲姿	（1）交叉式蹲姿	① 下蹲时右脚在前，左脚在后。 ② 右小腿垂直于地面，全脚着地，左腿在后与右腿交叉重叠，左膝由后面伸向右侧，左脚跟抬起脚掌着地，两腿前后紧靠，合力支撑身体，臀部向下，上身稍向前倾
	（2）高低式蹲姿	① 下蹲时左脚在前，右脚稍后（不重叠），两腿紧靠下蹲。 ② 左脚全脚着地，小腿基本垂直于地面，右脚脚跟提起，脚掌着地。右膝低于左膝，右膝内侧靠于左小腿内侧，形成左膝高右膝低的姿态，臀部向下，基本上以右腿支撑身体

鞠躬礼

项目	类型与要求	动作要领
1. 站式鞠躬礼	真礼。弯腰约 90°	① 左脚先向前，右脚靠上，左手在里，右手在外，四指合拢相握于腹前。 ② 缓缓弯腰，双臂自然下垂，手指自然合拢，双手呈“八”字形轻扶于双腿上。 ③ 直起时目视脚尖，缓缓直起，面带微笑。 ④ 俯下和起身速度一致，动作轻松，自然柔软
	行礼。弯腰约 45°	
	草礼。弯腰小于 45°	
2. 坐式鞠躬礼	真礼。头身前倾约 45°，双手平扶膝盖	① 在坐姿的基础上，头身前倾，双臂自然弯曲，手指自然合拢，双手掌心向下，自然平放于双膝上或双手呈“八”字形轻放于双腿中后部位置。 ② 直起时目视双膝，缓缓直起，面带微笑。 ③ 俯下、起身时的速度、动作要求同站式鞠躬礼

2. 坐式鞠躬礼	行礼。头身前倾小于45°，双手呈“八”字形放于大腿1/2处	
	草礼。头身略向前倾，双手呈“八”字形放于双腿后部位置	

2. 实训考核

考核评分表

班级：　　　　　　　　　　　　姓名：　　　　　　　　　　　　考核内容：茶艺师仪态

序号	测试项目	应得分	自评分	小组评分	教师评分
1	站姿	20分			
2	坐姿	20分			
3	走姿	20分			
4	站式鞠躬礼	20分			
5	坐式鞠躬礼	20分			
合计		100分			

日期：　年　月　日　　　　　　　　　　　　　教师：

四、反馈练习

1. 茶艺师仪态包含哪些内容？

2. 茶事活动中常用的鞠躬礼有哪些？

3. 按课堂训练要求课后练习茶艺师正确的站姿、走姿、坐姿、蹲姿。

4. 按课堂训练要求课后练习茶艺师正确的鞠躬礼。

教学反思

茶艺导学案

模块八　茶艺师职业素养

任务四　茶艺师专业素养

第　　课时

个案改错

学习目标	1. 了解茶艺师应具备的业务能力。 2. 熟知茶艺师的职业技能。 3. 熟练掌握茶艺馆服务技能。
学习重点	茶艺师应具备的业务能力。
学习难点	茶艺师的职业技能。

一、自主学习

上节课知识练习（简答题）：

1. 站姿的要求有哪些？

2. 坐姿的要求有哪些？

3. 走姿的要求有哪些？

4. 站式鞠躬礼的要求有哪些？

5. 坐式鞠躬礼的要求有哪些？

二、合作探究

活动一：

1. 学生通过收集资料，分小组探讨茶艺师业务能力及职业技能的内容（教师讲解，学生归纳总结重点）。

2. 教师示范并讲解茶艺馆服务标准。

活动二：

1. 学生分组练习。

2. 学生完成实训考核。

三、目标检测

1. 实训内容

茶艺馆服务标准

项目		操作规范
迎宾服务		① 微笑迎客，使用礼貌用语，迎宾入门。 ② 询问用茶人数及预订情况，将客人引领到正确位置。 ③ 如宾客随身携带较多物品或行走有困难，应征询宾客同意后给予帮助。 ④ 如遇雨天，要主动为宾客套上伞套或寄存雨伞。 ⑤ 若座位客满，向客人做好解释工作，有位置时立即安排。 ⑥ 耐心解答客人有关茶品、茶点、茶肴以及服务、设施等方面的询问。 ⑦ 婉言谢绝衣冠不整者入内
送客服务		① 当宾客准备离去时，轻轻拉开椅子，提醒宾客带好随身物品。 ② 送客要送到厅堂口，让宾客走在前面，自己走在宾客后面（约 1 m 距离）护送客人。 ③ 客人离店时，应主动拉门道别，真诚礼貌地感谢客人，并欢迎其再次光临
茶艺馆饮茶服务	茶前准备	① 保持茶艺馆厅堂整洁、环境舒适、桌椅整齐。做到地面无垃圾，桌面无油腻，门窗无积灰，洗手间无异味、无污垢。 ② 由厅堂领班检查茶艺服务人员仪表及各类物品准备是否充分、器皿是否洁净、供应品种及开水是否准备妥当
	茶中服务	① 站立迎宾，引客入座。首先安排年老体弱者在进出较为方便处就座。如在正式场合，在了解客人身份后，应将主宾安排在主人右侧，副主宾安排在主人左侧。 ② 当客人即将入座前，主动为宾客拉开椅子，送上湿巾、茶单，并介绍供应茶品，也可将茶叶样品拿来展示，让宾客挑选。

茶艺馆饮茶服务	茶中服务	③ 及时地按顺序上茶。上茶时左手托盘，端平拿稳，右手在前护盘，脚步小而稳，走到宾客座位右侧，侧身右脚前伸一步，左手臂展开，使茶托盘的位置在宾客的身后，右手端杯子中部，盖碗杯端杯托，从主宾开始，按顺时针方向，将茶杯轻轻放在宾客的正前方，并报上各自茶名（上茶前，绿茶应事先浸润，花茶、红茶可事先泡好，乌龙茶可到台面上当场冲泡），然后请宾客先闻茶香，闻香完毕，茶艺服务人员选择一个合适的固定位置，用水壶将每杯冲至七分满，并说："请用茶。" ④ 宾客用茶过程中，当杯中水量为 1/2 时，应及时添水；如果宾客面前有热水瓶或电热煮水器，应随时保持这些器皿中有充足的开水。 ⑤ 如需上茶食、茶点，事先应上筷子、牙签、调料等物品；上茶食时，应从冲茶水的固定位置上轻轻落盆（盘），并介绍茶肴名称、特点；每上一道茶食，要进行桌面调整，切忌叠盘；如果宾客点有果壳的食品，应及时送上果壳篮或果壳盆；桌面上有水迹或杂物时，应及时拭干和清理，以保持桌面清洁
	茶后工作	主动送客，收拾茶具，清洁桌面、椅凳并按原位置摆放整齐，保持茶楼营业场所及桌面整洁，以便接待下一批客人
独立茶室饮茶服务		① 按茶单的茶叶品种准备好各种茶叶。 ② 准备好泡茶用水。 ③ 准备干净、整洁的各类茶具。 ④ 客人入座后按茶单点茶。 ⑤ 客人点不同的茶，茶艺人员要用不同的茶具及不同的冲泡方法泡茶并进行讲解
会议饮茶服务	小型会议饮茶服务	① 服务员为客人沏茶之前，首先要洗手，并洗净茶杯，杯内不得存有茶垢。 ② 要特别注意茶杯有无破损或裂纹，残破的茶杯要及时更换。 ③ 如果用茶水和茶点一同招待客人，应先上茶点。茶点盘应事先摆放好。 ④ 不能用旧茶或剩茶待客，必须沏新茶。 ⑤ 茶水不要沏得太浓或太淡，每一杯茶斟七成满即可。 ⑥ 上茶时把茶杯放在杯托上，待客人坐定后一同敬给客人，杯把放在客入的右侧。如果客人饮用红茶，可准备好方糖，请客人自取。 ⑦ 上茶时，应注意站在客人右侧。先给主宾上，再依次给其他客人上

会议饮茶服务	大、中型会议饮茶服务	① 客人入座后，由服务员为客人倒水沏茶。 ② 倒水时服务员应站在客人的右侧，左手拿壶，右手拿杯。 ③ 圆桌会议，服务员要从主位开始按顺时针的顺序倒水；长桌会议，服务员就要按从里向外的顺序倒水。 ④ 在开会的过程中，服务员要注意观察，适时续水
	茶话会饮茶服务	① 服务员根据茶话会的人数备齐茶杯、茶垫和茶壶，如一桌 10 人，茶壶应有 2 把，茶壶下面要放垫碟。 ② 将保温瓶装满开水。茶话会前 5 min 在茶杯内放入茶叶，加上少许开水，把茶叶焖上，待客人到达后为客人加水。 ③ 斟茶时要站在客人右侧，不要将茶水滴在餐台或客人身上，并告诉客人茶叶的名称。 ④ 在茶话会的整个过程中，要随时注意为客人续斟茶水，当发现壶内茶水过淡时要马上更换，重新泡茶
餐厅饮茶服务	早餐饮茶服务	① 开餐前准备好各种茶叶。 ② 根据客人对茶叶的喜好，介绍适宜的品种。 ③ 为客人沏茶时，要注意卫生操作的要求，不允许用手抓茶叶，应用茶勺去取，并注意用量准确。 ④ 沏好茶后，应逐一从客人的右侧斟茶。 ⑤ 斟茶时，右手执壶，左手托壶下的垫盘，茶水不宜斟得过满，以七分满为宜。 ⑥ 为客人斟完第一杯茶后，把茶壶放在餐台上，茶壶嘴不要朝向客人，客人人数超过 6 位时，应上 2 把茶壶。 ⑦ 随时注意加满壶中的开水，并掌握茶水的浓淡
	午、晚餐饮茶服务	① 客人入座后，服务员从客人右侧派送香巾并询问客人需要何种茶水，按需开茶。 ② 服务员将茶沏好后用托盘送上，并从主宾起按顺时针方向从客人右侧一一斟上第一杯礼貌茶。斟水量以七分满为宜，并示意“请用茶”。 ③ 在高档次的餐厅里，上茶服务非常讲究，有专门负责茶水服务的茶博士。客人入座后，茶博士将装有十几种茶叶的手推车推至餐桌旁，向客人介绍各种茶叶的名称，请客人点茶。 ④ 客人点茶后，茶博士将茶叶放入盖碗中，当着客人的面用一把长嘴大铜壶将茶沏上后端送给客人

2. 实训考核

考核评分表

班级　　　　　　姓名　　　　　　　　　　　　　　　　考核内容：茶艺馆服务

序号	测试项目	应得分	自评分	小组评分	教师评分
1	迎宾服务	10 分			
2	送客服务	10 分			
3	茶艺馆饮茶服务	20 分			
4	独立茶室饮茶服务	20 分			
5	会议饮茶服务	20 分			
6	餐厅饮茶服务	20 分			
合计		100 分			

日期：　年　月　日　　　　　　　　　　　　　　教师：

四、反馈练习

1. 茶艺师的职业技能包括哪些方面？

2. 茶艺师如何为客人提供迎送服务？

3. 茶艺师如何提高茶艺馆饮茶服务？

4. 茶艺师如何为客人提供独立茶室服务？

教学反思

参考文献

[1] 阮浩耕，沈冬梅，于良子. 中国古代茶叶全书[M]. 杭州：浙江摄影出版社，1999.

[2] 姚国坤，胡小军. 中国古代茶具[M]. 上海：上海文化出版社，1999.

[3] 陈文华. 中国茶文化基础知识[M]. 北京：中国农业出版社，2004.

[4] 阮浩耕. 中国茶艺[M]. 济南：山东科学技术出版社，2002.

[5] 乔木森. 茶席设计[M]. 上海：上海是文化出版社，2005.

[6] 朱燕. 现代礼仪学概论[M]. 北京：清华大学出版社，2006

[7] 陈文华，余悦. 茶艺师（初级技能　中级技能　高级技能）[M]. 北京：中国劳动社会保障出版社，2004.

附　录

附录 A　茶艺师专业用语

茶类	专业用语
绿茶	① 绿茶为不发酵茶，制作原料以嫩叶为主。 ② 高档绿茶多以玻璃杯冲泡，水温为 75～80 °C。 ③ 玻璃杯可以看到清汤绿叶的茶在杯中上下飘舞。 ④ 杭州双绝“龙井茶”“虎跑水”。 ⑤ 龙井茶以“形美、色绿、香清、味醇”著称。 ⑥ 碧螺春有“一嫩三鲜”之称，即牙嫩、色鲜、味鲜、汤鲜。 ⑦ 泡茶时，水温过高会将茶叶泡熟，茶汤很快变黄。 ⑧ 冲泡绿茶的时间一般以 3～4 min 为宜。 ⑨ 用盖碗或瓷杯冲泡嫩芽时，不加杯盖为宜
黄茶	① 黄茶属于部分发酵茶，发酵程度为 10%。 ② 黄茶有“三黄”之称，即叶黄、汤黄、叶底黄。 ③ 冲泡香气清新，滋味鲜醇。 ④ 冲泡水温以 70 °C 为宜，因为黄茶的原料为细嫩的芽头。 ⑤ 君山银针有“三起三落”的美称
白茶	① 白茶原料多为带有茸毛的壮芽、嫩芽，为部分发酵茶，发酵程度为 10%。 ② 冲泡水温以 70 °C 为宜，因芽叶细嫩，温度过高会将其烫熟。 ③ 银针白毫外形挺直如针，色白如银。 ④ 白牡丹的特点是绿叶加银芽，形似花朵。 ⑤ 冲泡时香气清爽，色泽橙黄，滋味醇和
青茶	① 青茶为半发酵茶，发酵程度为 10%～70%。 ② 青茶有绿茶的清香，又有红茶的甘醇。 ③ 铁观音有“蜻蜓头、螺旋体、青蛙腿”之称。 ④ 冲泡前，应先温茶具，提升温度，避免“冷热”悬殊太大，影响茶汤的滋味。 ⑤ 冲泡青茶时第一泡茶汤为温润泡，即温润茶叶，将紧结的茶叶泡松可使茶汤保持同样的浓淡。青茶冲泡次数一般要 4～6 泡。 ⑥ 冲泡茶叶时，做到高冲低斟。 ⑦ 冲泡铁观音需要 1 min，接下来每泡依次延长 15 s。 ⑧ 冲泡青茶一般选用紫砂壶或盖碗。公道杯的作用是均匀茶汤。 ⑨ 品字三个口，品茶时分三口喝，方称为品

续表

茶类	专业用语
红茶	① 红茶为全发酵茶，发酵程度100%。 ② 红茶外观为暗红色，呈紧结的条状或颗粒状。 ③ 冲泡时一般选用瓷壶。 ④ 冲泡水温为90～100 °C。 ⑤ 冲泡时香气高，汤色红艳明亮，叶底鲜红嫩软。 ⑥ 红茶还可以加入牛奶、柠檬、薄荷等制作成调和茶
黑茶	① 黑茶属于后发酵茶，发酵程度视发酵时间长短而定。 ② 原料选用粗老的梗叶，外形为紧结的条状，干茶的颜色为暗红色。 ③ 冲泡所用茶具宜选择紫砂壶。 ④ 冲泡水温为100 °C，冲泡后香气为陈香，汤色如枣红色，滋味醇厚，回甘好
花茶	① 花茶主要以烘青绿茶为茶坯加鲜花窨制而成。 ② 冲泡花茶时香气鲜灵持久，既有清新的花香，又有醇厚、回甘的滋味，尤为北方人所喜爱。 ③ 冲泡花茶的茶具以盖碗或瓷杯为宜。 ④ 冲泡水温以85～90 °C为宜。 ⑤ 花茶一般可以冲泡3～4次。 ⑥ 在品茶前，先观赏茶的汤色，闻盖上的茶香，分三口品茶

附录B　茶艺专业术语

一、中性术语

1. 茶性：专指茶汤入口后口感的刺激性，是描述茶汤对人口舌间感官刺激的程度，一般用“强”“弱”来形容。刺激的类型有很多种，包括香型和苦涩度。

2. 茶质：指茶汤入口后，汤质在口腔中的饱满度，包括滑度、甜度、回甘度、底蕴及耐泡程度，常用“厚薄”“重淡”来形容。

3. 香气：鲜叶在制作工艺中产生的，主要由茶叶中游离型儿茶素产生。在口腔中，上颚、舌面、舌下、两颊、咽喉间感觉明显。

4. 苦、涩：苦是一种味道，涩是一种感觉。苦是由茶叶内含物中的茶碱产生的，涩是口腔中细嫩组织收敛的表现。

5. 收敛性：品茶后，茶水中的特殊物质刺激舌面和口腔四周而出现的紧绷感，多为涩感的表现。

6. 水味：水味表示茶汤滋味很淡薄，茶叶经过反复冲泡，茶汤的味道已经被充分稀释，喝的时候就会感觉到水的甘甜味而非茶本身的甘甜。

二、褒义术语

1. 回甘：指苦味在口中转化后产生甘甜的过程。

2. 生津：指两颊、舌面、舌底有唾液不断地涌出。

3. 喉韵：品茶后，茶汤带给喉咙的感觉，如甘、润、燥。

4. 饱满：指茶汤物质丰富而带给口腔的一种充实感。

5. 陈韵：经时间陈化而产生的韵味，常在有一定年份的老茶中易感受到。

6. 香气内敛：香气不张扬，其香在水，用心则有，不用心则无。

7. 入口即化：茶汤入口，不用有意识地吞咽，自然入喉。特别是陈年好茶，人们说“入口即化，喝了没喝”，是品老茶时人们对茶汤水性最高境界的赞叹语。

8. 爽朗：经岁月的陈化，仓储优良的茶汤入喉后，口腔爽朗，牙齿有清晰感。药香陈年老茶的共同特征，药香浓郁通常是对老茶香气的一种赞扬方式。

三、贬义术语

1. 酸味：在揉捻后未晒干，压制时所含水分过高而产生。

2. 青味：杀青温度不够或时间不足而产生，严重时会有“青腥味”。

3. 锁喉：品茶后，咽喉过于干燥，吞咽困难、紧缩发痒等不适感，人会微觉不安、烦躁等。

4. 茶水分离：茶汤入喉，嘴里留的不是茶味，而是水汽。

四、制茶术语

1. 茶树 Tea Bush

2. 采青 Tea Harvesting

3. 茶青 Tea Leaves

4. 萎凋 Withering

（1）日光萎凋 Sun Withering

（2）室内萎凋 Indoor Withering

（3）静置 Setting

（4）搅拌（浪青）Tossing

5. 发酵 Fermentation

6. 氧化 Oxidation

7. 杀青 Fixation

（1）蒸青 Steaming

（2）炒青 Stir Fixation

（3）烘青 Baking

（4）晒青 Sunning

8. 揉捻 Rolling

（1）轻揉 Light Rolling

（2）重揉 Heavy Rolling

（3）布揉 Cloth Rolling

9. 干燥 Drying

（1）炒干 Pan Firing

（2）烘干 Baking

（3）晒干 Sunning

10. 渥堆 Piling

11. 精制 Refining

（1）筛分 Screening

（2）剪切 Cutting

（3）拔梗 Destemming

（4）整形 Shaping

（5）风选 Winnowing

（6）拼配 Blending

（7）紧压 Compressing

（8）复火 Re-drying

（9）陈放 Aging

12. 加工 Added Process

（1）焙火 Roasting

（2）熏花 Scenting
（3）调味 Spicing
（4）饮料茶 Tea Beverage
13. 包装 Packaging
（1）真空包装 Vacuum Packs
（2）充氮包装 Nitrogen Packs
（3）碎形小袋茶 Shredded-tea Bag
（4）原片小袋茶 Leave-tea Bag
五、常见茶名
1. 白毫乌龙 White Tipped Oolong
（1）东方美人 Oriental Beauty
（2）膨风茶 Boast Tea
（3）着延茶 Bitten Tea
（4）三色茶 Motley Tea
2. 玉露 Jade Dew
3. 煎茶 Green Blade
4. 黄山毛峰 Yellow Mountain Fuzz Tip
5. 西湖龙井 Longjing West Lake
6. 碧螺春 Green Spiral
7. 珠茶 Gunpowder
8. 青沱 Age Bowl Puer
9. 青饼 Age Cake Puer
10. 熟饼 Pile Cake Puer
11. 君山银针 Junshan Silver Needle Tea
12. 白毫银针 White Tip Silver Needle
13. 白牡丹 White Peony
14. 寿眉 Long Brow
15. 武夷岩茶 Wuyi Rock Tea
16. 大红袍 Robe Tea
17. 肉桂茶 Cassia Tea
18. 水仙茶 Narcissus Tea
19. 佛手茶 Finger Citron Tea
20. 铁观音茶 Tieguanyin Tea
21. 桂花乌龙茶 Osmanthus Oolong
22. 人参乌龙茶 Ginseng Oolong

23. 茉莉花茶 Jasmine Tea
24. 玫瑰绣球 Rose Bulb
25. 工夫红茶 Gongfu Black
26. 烟熏红茶 Smoke Black
27. 熟火乌龙 Roast Oolong
28. 清茶（包种茶） Light Oolong
29. 安吉白茶 Anji White Leaf
30. 六安瓜片 Liuan Leaf
31. 风原单丛 Fenghuang Unique Bush
32. 茶粉 Tea Powder
33. 抹茶 Fine Powder Tea

六、茶具名称

1. 茶壶 Tea Pot
2. 壶垫 Pot holders
3. 茶船 Tea Plate
4. 茶盅 Tea Pitcher
5. 盖置 Lid Saucer
6. 奉茶盘 Tea Serving Tray
7. 茶杯 Tea Cup
8. 杯托 Cup Saucer
9. 茶巾盘 Tea Towel Tray
10. 茶荷 Tea Holder
11. 茶巾 Tea Towel
12. 茶拂 Tea Brush
13. 计时器 Timer
14. 煮水器 Water Heater
15. 水壶 Water Kettle
16. 煮水器底座 Heating Base
17. 茶车 Tea Cart
18. 坐垫 Seat Cushion
19. 杯套 Cup Cover
20. 包壶巾 Packing Wrap
21. 茶具袋 Tea ware Bag
22. 地衣 Ground Pad
23. 茶盘 Tea Ware Tray

24. 同心杯 Strainer Cup
25. 个人品茗组 Personal Tea Set
26. 水盂 Tea Basin
27. 冲泡盅 Brewing Vessel
28. 盖碗 Cove Red Bowl
29. 渣匙 Tea Spoon
30. 茶器 Tea Ware
31. 热水瓶 Thermos
32. 茶罐 Tea Canister
33. 茶瓮 Tea Sumame
34. 茶桌 Tea Table
35. 侧柜 Side Table
36. 茶筅 Tea Whisk
37. 茶碗 Tea Bowl

七、泡茶程序

1. 备具 Prepare Tea Ware
2. 从静态到动态 From sil To Ready
3. 备水 Prepare Water
4. 温壶 Warm Pot
5. 备茶 For Tea
6. 识茶 Recognize Tea
7. 赏茶 Appreciate Tea
8. 温盅 Warm Pitcher
9. 置茶 Put in Tea
10. 闻香 Smell Fragrance
11. 冲第一道茶 First Infusion
12. 计时 Set Timer
13. 烫杯 Warm Cups
14. 倒茶 Pour Tea
15. 备杯 Prepare Cups
16. 分茶 Divide Tea
17. 端杯奉茶 Serve Tea By Cups
18. 冲第二道茶 Second Infusion
19. 持盅奉茶 Serve Tea By Pitcher
20. 茶食供应或品泉 Supply Snacks or Water

21. 去渣 Take Out Brewed Leaves
22. 赏叶底 Appreciate Leaves
23. 涮壶 Rinse Pot
24. 归位 Return To Seat
25. 清盅 Rinse Pitcher
26. 收杯 Collect Cups
27. 结束 at the end

附录C　茶艺师国家职业技能标准

1　职业概况

1.1　职业名称

茶艺师

1.2　职业编码

4-03-02-07

1.3　职业定义

在茶室、茶楼等场所（包括：茶馆、茶艺馆及称为茶坊、茶社、茶座的品茶、休闲场所；茶庄、宾馆、酒店等区域内设置的用于品茶、休闲的场所；茶空间、茶书房、茶体验馆等适用于品茶、休闲的场所），展示茶水冲泡流程和技巧，以及传播品茶知识的人员。

1.4　职业技能等级

本职业共设五个等级，分别为：五级/初级工、四级/中级工、三级/高级工、二级/技师、一级/高级技师。

1.5　职业环境条件

室内，常温，无异味。

1.6　职业能力特征

具有良好的语言表达能力，一定的人际交往能力，较好的形体知觉能力与动作协调能力，较敏锐的色觉、嗅觉和味觉。

1.7　普通受教育程度

初中毕业（或相当文化程度）。

1.8　职业技能鉴定要求

1.8.1　申报条件

具备以下条件之一者，可申报五级/初级工：

（1）累计从事本职业或相关职业（相关职业：在茶室，茶楼和其他品茶、休闲场所的服务工作，以及评茶、种茶、制茶、炒茶岗位的工作，下同）工作1年（含）以上。

（2）本职业或相关职业学徒期满。

具备以下条件之一者，可申报四级/中级工：

（1）取得本职业或相关职业五级/初级工职业资格证书（技能等级证书）后，累计从事本职业工作4年（含）以上。

（2）累计从事本职业或相关职业工作6年（含）以上。

（3）取得技工学校本专业（本专业：茶艺、茶文化专业，下同）或相关专业（相关专业：茶学、评茶、茶叶加工、茶叶营销等专业，以及文化、文秘、中文、旅游、商贸、空乘、高铁等开设了茶艺课程的专业，下同）毕业证书（含尚未取得毕业证书的在校应届毕业生）；或取得经评估论证、以军级技能为培养目标的中等及以上职业学校本专业或相关专业毕业证书（含尚未取得毕业证书的在校应届毕业生）。

具备以下条件之一者，可申报三级/高级工：

（1）取得本职业或相关职业四级/中级 工职业资格证书（技能等级证书）后，累计从事本职业或相关职业工作 5 年（含）以上。

（2）取得本职业或相关职业四级/中级工职业资格证书（技能等级证书），并具有高级技工学校、技师学院毕业证书（含尚未取得毕业证书的在校应届毕业生）；或取得本职业或相关职业四级/中级工职业资格证书（技能等级证书），并具有经评估论证、以高级技能为培养目标的高等职业学校本专业或相关专业毕业证书（含尚未取得毕业证书的在校应届毕业生）。

（3）具有大专及以上本专业或相关专 业毕业证书，并取得本职业或相关职业四级/中级工职业资格证书（技能等级证书）后，累计从事本职业或相关职业工作 2 年（含）以上。

具备以下条件之一者，可申报二级/技师：

（1）取得本职业或相关职业三级高级工职业资格证书（技能等级证书）后，累计从事本职业或相关职业工作 4 年（含）以上。

（2）取得本职业或相关职业三级/高级工职业资格证书（技能等级证书）的高级技工学校、技师学院毕业生，累计从事本职业或相关职业工作 3 年（含）以上；或取得本职业预备技师证书的技师学院毕业生，累计从事本职业或相关职业工作 2 年（含）以上。

具备以下条件之一者，可申报一级/高级技师：

取得本职业二级/技师职业资格证书（技能等级证书）后，累计从事本职业或相关职业工作 4 年（含）以上。

1.8.2　鉴定方式

分为理论知识考试、技能考核以及综合评审。理论知识考试以笔试、机考等方式为主，主要考核从业人员从事本职业应掌握的基本要求和相关知识；技能考核主要采用现场操作、模拟操作等方式进行，主要考核从业人员从事本职业应具备的技能水平；综合评审主要针对技师和高级技师，通常采取审阅申报材料、答辩等方式进行全面评议和审查。

理论知识考试、技能考核和综合评审均实行百分制，成绩皆达 60 分（含）以上者为合格。

1.8.3　监考人员、考评人员与考生配比

理论知识考试的监考人员与考生配比不低于 1：15，且每个考场不少于 2 名监考人员；技能考核的考评人员与考生配比为 1∶3，且考评人员为 3 人以上单数；综合评审委员为 3 人以上单数。

1.8.4　鉴定时间

理论知识考试时间为 90 min；技能考核时间：五级/初级工、四级/中级工、三级/高级工不少于 20 min，二级/技师、一级/高级技师不少于 30 min；综合评审时间不少于 20 min。

1.8.5　鉴定场所设备

理论知识考试在标准教室内进行；技能考核在具备品茗台且采光及通风条件良好的品茗室或教室、会议室进行，室内应有泡茶（饮茶）主要用具、茶叶、音响、投影仪等相关辅助

用品。

2　基本要求

2.1　职业道德

2.1.1　职业道德基本知识

2.1.2　职业守则

（1）热爱专业，忠于职守。

（2）遵纪守法，文明经营。

（3）礼貌待客，热情服务。

（4）真诚守信，一丝不苟。

（5）钻研业务，精益求精。

2.2　基础知识

2.2.1　茶文化基本知识

（1）中国茶的源流。

（2）饮茶方法的演变。

（3）中国茶文化精神。

（4）中国饮茶风俗。

（5）茶与非物质文化遗产。

（6）茶的外传及影响。

（7）外国饮茶风俗。

2.2.2　茶叶知识

（1）茶树基本知识。

（2）茶叶种类。

（3）茶叶加工工艺及特点。

（4）中国名茶及其产地。

（5）茶叶品质鉴别知识。

（6）茶叶储存方法。

（7）茶叶产销概况。

2.2.3　茶具知识

（1）茶具的历史演变。

（2）茶具的种类及产地。

（3）瓷器茶具的特色。

（4）陶器茶具的特色。

（5）其他茶具的特色。

2.2.4　品茗用水知识

（1）品茗与用水的关系。

（2）品茗用水的分类。

（3）品茗用水的选择方法。

2.2.5　茶艺基本知识

（1）品饮要义。

（2）冲泡技巧。

（3）茶点选配。

2.2.6　茶与健康及科学饮茶

（1）茶与健康的关系。

（2）科学饮茶常识。

2.2.7　食品与茶叶营养卫生

（1）食品与茶叶卫生基础知识。

（2）饮食业食品卫生制度。

2.2.8　劳动安全基本知识

（1）安全生产知识。

（2）安全防护知识。

（3）安全事故申报知识。

2.2.9　相关法律、法规知识

（1）《中华人民共和国劳动法》的相关知识。

（2）《中华人民共和国劳动合同法》的相关知识。

（3）《中华人民共和国食品卫生法》的相关知识。

（4）《中华人民共和国消费者权益保障法》的相关知识。

（5）《公共场所卫生管理条例》的相关知识。

3　工作要求

本标准对五级/初级工、四级/中级工、三级/高级工、二级/技师、一级/高级技师的技能要求和相关知识要求依次递进，高级别涵盖低级别。

3.1　五级/初级工（表 C1）

表 C1　茶艺师五级/初级工工作要求

职业功能	工作内容	技能要求	相关知识要求
1 接待准备	1.1 仪表准备	1.1.1 能按照茶事服务礼仪要求进行着装、佩戴饰物。 1.1.2 能按照茶事服务礼仪要求修饰面部、手部。 1.1.3 能按照茶事服务礼仪要求修整发型、选择头饰。 1.1.4 能按照茶事服务礼仪规范的要求进行站姿、坐姿、走姿、蹲姿。 1.1.5 能使用普通话与敬语迎宾	1.1.1 茶艺人员服饰、佩饰基础知识。 1.1.2 茶艺人员容貌修饰、手部护理常识。 1.1.3 茶艺人员发型、头饰常识。 1.1.4 茶事服务形体礼仪基本知识。 1.1.5 普通话，迎宾敬语基本知识

续表

职业功能	工作内容	技能要求	相关知识要求
1 接待准备	1.2 茶室准备	1.2.1 能清洁茶室环境卫生。 1.2.2 能清洗消毒茶具。 1.2.3 能配合调控茶室内的灯光、音响等设备。 1.2.4 能操作消防灭火器进行火灾扑救。 1.2.5 能佩戴防毒面具并指导宾客使用	1.2.1 茶室工作人员岗位职责和服务流程。 1.2.2 茶室环境卫生要求知识。 1.2.3 茶具用品消毒洗涤方法。 1.2.4 灯光、音响设备使用方法。 1.2.5 消防灭火器的操作方法。 1.2.6 防毒面具使用方法
2 茶艺服务	2.1 冲泡备器	2.1.1 能根据茶叶基本特征区分六大茶类。 2.1.2 能根据茶单选取茶叶。 2.1.3 能根据茶叶选用冲泡器具。 2.1.4 能选择和使用备水、烧水器具	2.1.1 茶叶分类、品种名称、基本特征基础知识。 2.1.2 茶单基本知识。 2.1.3 泡茶器具的种类和使用方法。 2.1.4 安全用电常识和备水、烧水器具的使用规程
	2.2 冲泡演示	2.2.1 能根据不同茶类确定投茶量和水量比例。 2.2.2 能根据茶叶类型选择适宜的水温泡茶，并确定每泡时间。 2.2.3 能使用玻璃杯、盖碗、紫砂壶冲泡茶叶。 2.2.4 能介绍所泡茶叶的品饮方法	2.2.1 不同茶类投茶量和水量要求及注意事项。 2.2.2 不同茶类冲泡水温、浸泡时间要求及注意。 2.2.3 玻璃杯、盖碗，紫砂壶使用要求与技巧。 2.2.4 茶叶品饮基本知识
3 茶间服务	3.1 茶饮推荐	3.1.1 能运用交谈礼仪与宾客沟通，有效了解宾客需求。 3.1.2 能根据茶叶特性推荐茶饮。 3.1.3 能根据不同季节特点推荐茶饮	3.1.1 交谈礼仪规范及沟通艺术，了解宾客消费习惯。 3.1.2 茶叶成分与特性基本知识。 3.1.3 不同季节饮茶特点
	3.2 商品销售	3.2.1 能办理宾客消费的结账、记账。 3.2.2 能向宾客销售茶叶。 3.2.3 能向宾客销售普通茶具。 3.2.4 能完成茶叶、茶具的包装。 3.2.5 能承担售后服务	3.2.1 结账、记账基本程序和知识。 3.2.2 茶叶销售基本知识。 3.2.3 茶具销售基本知识。 3.2.4 茶叶、茶具包装知识。 3.2.5 售后服务知识

3.2 四级/中级工（表 C2）

表 C2 茶艺师四级/中级工工作要求

职业功能	工作内容	技能要求	相关知识要求
1接待准备	1.1 礼仪接待	1.1.1 能按照茶事服务要求导位、迎宾。 1.1.2 能根据不同地区的宾客特点进行礼仪接待。 1.1.3 能根据不同民族的风俗进行礼仪接待。 1.1.4 能根据不同宗教信仰进行礼仪接待。 1.1.5 能根据宾客的性别、年龄特点进行针对性的接待服务	1.1.1 接待礼仪与技巧基本知识。 1.1.2 不同地区宾客服务的基本知识。 1.1.3 不同民族宾客服务的基本知识。 1.1.4 不同宗教信仰宾客服务的基本知识。 1.1.5 不同性别、年龄特点宾客服务的基本知识
	1.2 茶室布置	1.2.1 能根据茶室特点，合理摆放器物。 1.2.2 能合理摆放茶室装饰物。 1.2.3 能合理陈列茶室商品。 1.2.4 能根据宾客要求，针对性地调配茶叶、器物	1.2.1 茶室空间布置基本知识。 1.2.2 器物配放基本知识。 1.2.3 茶具与茶叶的搭配知识。 1.2.4 商品陈列原则与方法
2茶艺服务	2.1 茶艺配置	2.1.1 能识别六大茶类中的中国主要名茶。 2.1.2 能识别新茶、陈茶。 2.1.3 能根据茶样初步区分茶叶品质和等级高低。 2.1.4 能鉴别常用陶瓷、紫砂、玻璃茶具的品质。 2.1.5 能根据茶艺馆需要布置茶艺工作台	2.1.1 中国主要名茶知识。 2.1.2 新茶、陈茶的特点与识别方法。 2.1.3 茶叶品质和等级的判定方法。 2.1.4 常用茶具质量的识别方法。 2.1.5 茶艺冲泡台的布置方法
	2.2 茶艺演示	2.2.1 能根据茶艺要素的要求冲泡六大茶类。 2.2.2 能根据不同茶叶选择泡茶用水。 2.2.3 能制作调饮红茶。 2.2.4 能展示生活茶艺	2.2.1 茶艺冲泡的要素。 2.2.2 泡茶用水水质要求。 2.2.3 调饮红茶的制作方法。 2.2.4 不同类型的生活茶艺知识

续表

职业功能	工作内容	技能要求	相关知识要求
3茶间服务	3.1 茶品推荐	3.1.1 能根据茶叶，合理搭配茶点并予推荐。 3.1.2 能根据季节搭配茶点并予推荐。 3.1.3 能根据茶叶的内含成分及对人体健康作用来推荐相应茶叶。 3.1.4 能向宾客介绍不同水质对茶汤的影响。 3.1.5 能根据所泡茶品解答相关问题	3.1.1 茶点与各茶类搭配知识。 3.1.2 不同季节茶点搭配方法。 3.1.3 科学饮茶与人体健康基本知识。 3.1.4 中国名茶、名泉知识。 3.1.5 解答宾客咨询茶品的相关知识及方法
	3.2 商品销售	3.2.1 能根据茶叶特点科学地保存茶叶。 3.2.2 能销售名优茶和特殊茶品。 3.2.3 能够销售名家茶器、定制(柴烧、手绘)茶具。 3.2.4 能够根据宾客需要选配家庭茶室用品。 3.2.5 能向茶室、茶庄等经营场所选配销售茶商品	3.2.1 茶叶储藏保管知识。 3.2.2 名优茶、特殊茶品销售基本知识。 3.2.3 名家茶器、柴烧、手绘茶具源流及特点。 3.2.4 家庭茶室用品选配基本要求。 3.2.5 茶商品调配知识

3.3 三级/高级工（表 C3）

表 C3 茶艺师三级/高级工工作要求

职业功能	工作内容	技能要求	相关知识要求
1接待准备	1.1 礼仪接待	1.1.1 能根据不同国家的礼仪接待外宾。 1.1.2 能使用英语与外宾进行简单问候与沟通。 1.1.3 能按照服务接待要求接待特殊宾客	1.1.1 涉外礼仪的基本要求及各国礼仪与禁忌。 1.1.2 礼仪接待英语基本知识。 1.1.3 特殊宾客服务接待知识
	1.2 茶事准备	1.2.1 能鉴别茶叶品质高低。 1.2.2 能鉴别高山茶、台地茶。 1.2.3 能识别常用瓷器茶具的款式及质量。 1.2.4 能识别常用陶器茶具的款式及质量	1.2.1 茶叶品评的方法及质量鉴别。 1.2.2 高山茶与台地茶鉴别方法。 1.2.3 瓷器茶具的款式及特点。 1.2.4 陶器茶具的款式及特点

续表

职业功能	工作内容	技能要求	相关知识要求
2茶艺服务	2.1 茶席设计	2.1.1 能根据不同题材，设计不同主题的茶席。 2.1.2 能根据不同的茶品、茶具组合、铺垫物品等，进行茶席设计。 2.1.3 能根据少数民族的茶俗设计不同的茶席。 2.1.4 能根据茶席设计需要进行茶器搭配。 2.1.5 能根据茶席设计主题配置相关的其他器物	2.1.1 茶席基本原理知识。 2.1.2 茶席设计类型知识。 2.1.3 茶席设计技巧知识。 2.1.4 少数民族茶俗与茶席设计知识。 2.1.5 茶席其他器物选配基本知识
	2.2 茶艺演示	2.2.1 能按照不同茶艺演示要求布置演示台，选择和配置适当的插花、熏香、茶挂。 2.2.2 能根据茶艺演示的主题选择相应的服饰。 2.2.3 能根据茶艺演示的主题选择合适的音乐。 2.2.4 能根据茶席设计的主题确定茶艺演示内容。 2.2.5 能演示 3 种以上各地风味茶艺或少数民族茶艺。 2.2.6 能组织、演示茶艺并介绍其文化内涵	2.2.1 茶艺演示台布置及茶艺插花、熏香、茶挂基本知识。 2.2.2 茶艺演示与服饰相关知识。 2.2.3 茶艺演示与音乐相关知识。 2.2.4 茶席设计主题与茶艺演示运用知识。 2.2.5 各地风味茶饮和少数民族茶饮基本知识。 2.2.6 茶艺演示组织与文化内涵阐述相关知识
3茶间服务	3.1 茶事推介	3.1.1 能够根据宾客需求介绍有关茶叶的传说、典故。 3.1.2 能使用评茶的专业术语，向宾客通俗介绍茶叶的色、香、味、形。 3.1.3 能向宾客介绍选购紫砂茶具的技巧。 3.1.4 能向宾客介绍选购瓷器茶具的技巧。 3.1.5 能向宾客介绍不同茶具的养护知识	3.1.1 茶叶的传说、典故。 3.1.2 茶叶感观审评基本知识及专业术语。 3.1.3 紫砂茶具的选购知识。 3.1.4 瓷器茶具的选购知识。 3.1.5 不同茶具的特点及养护知识
	3.2 营销服务	3.2.1 能根据市场需求调配茶叶、茶具营销模式。 3.2.2 能根据季节变化、节假日特点等制订茶艺馆消费品配备计划。 3.2.3 能按照茶艺馆要求，初步设计和具体实施茶事展销活动	3.2.1 茶艺馆营销基本知识。 3.2.2 茶艺馆消费品调配相关知识。 3.2.3 茶事展示活动常识

3.4 二级/技师（表 C4）

表 C4 茶艺师二级/技师工作要求

职业功能	工作内容	技能要求	相关知识要求
1 茶艺馆创意	1.1 茶艺馆规划	1.1.1 能提出茶艺馆选址的建议。 1.1.2 能提出不同特色茶艺馆的定位建议。 1.1.3 能根据茶艺馆的定位提出整体布局的建议	1.1.1 茶艺馆选址基本知识。 1.1.2 茶艺馆定位基本知识。 1.1.3 茶艺馆整体布局基本知识
	1.2 茶艺馆布置	1.2.1 能根据茶艺馆的布局，分割与布置不同的区域。 1.2.2 能根据茶艺馆的风格，布置陈列柜和服务台。 1.2.3 能根据茶艺馆的主题设计，布置不同风格的品茗区	1.2.1 茶艺馆不同区域分割与布置原则。 1.2.2 茶艺馆陈列柜和服务台布置常识。 1.2.3 品茗区风格营造基本知识
2 茶事活动	2.1 茶艺演示	2.1.1 能进行仿古（仿唐、仿宋或明清）茶艺演示，并能担任主泡。 2.1.2 能进行日本茶道演示。 2.1.3 能进行韩国茶礼演示。 2.1.4 能进行英式下午茶演示。 2.1.5 能用一门外语进行茶艺解说	2.1.1 仿古茶艺展演基本知识。 2.1.2 日本茶道基本知识。 2.1.3 韩国茶礼基本知识。 2.1.4 英式下午茶基本知识。 2.1.5 茶艺专用外语知识
	2.2 茶会组织	2.2.1 能策划中、小型茶会。 2.2.2 能设计茶会活动的可实施方案。 2.2.3 能根据茶会的类型进行茶会组织。 2.2.4 能主持各类茶会	2.2.1 茶会类型知识。 2.2.2 茶会设计基本知识。 2.2.3 茶会组织与流程。 2.2.4 主持茶会基本技巧
3 业务管理	3.1 服务管理	3.1.1 能制订茶艺流程及服务规范。 3.1.2 能指导低级别茶艺服务人员。 3.1.3 能对茶艺师的服务工作进行检查指导。 3.1.4 能制订茶艺馆服务管理方案并实施。 3.1.5 能提出并策划茶艺演示活动的可实施方案。 3.1.6 能对茶艺馆的茶、茶具进行质量检查。 3.1.7 能对茶艺馆的安全进行检查与改进。 3.1.8 能处理宾客诉求	3.1.1 茶艺馆服务流程与管理知识。 3.1.2 茶艺人员培训知识。 3.1.3 茶艺馆各岗位职责。 3.1.4 茶艺馆庆典、展销活动设计知识。 3.1.5 茶艺表演活动方案撰写方法。 3.1.6 茶叶、茶具质量检查流程与知识。 3.1.7 茶艺馆安全检查与改进要求。 3.1.8 宾客投诉处理原则及技巧常识

续表

职业功能	工作内容	技能要求	相关知识要求
3 业务管理	3.2 茶艺培训	3.2.1 能制订与实施茶艺人员的培训计划。 3.2.2 能对茶艺人员进行业务培训教学组织。 3.2.3 能组建茶艺演示队伍。 3.2.4 能训练茶艺演示队伍	3.2.1 茶艺培训计划的编制方法。 3.2.2 茶艺培训教学组织要求与技巧。 3.2.3 茶艺演示队伍组建知识。 3.2.4 茶艺演示队伍常规训练安排知识

3.5　一级/高级技师（表 C5）

表 C5　茶艺师一级/高级技师工作要求

职业功能	工作内容	技能要求	相关知识要求
1 茶饮服务	1.1 品评服务	1.1.1 能根据宾客需求提供不同茶饮。 1.1.2 能对传统茶饮进行创新和设计。 1.1.3 能审评茶叶的质量优次和等级	1.1.1 不同类型茶饮基本知识。 1.1.2 茶饮创新基本原理。 1.1.3 茶叶审评知识的综合运用
	1.2 茶健康服务	1.2.1 能根据宾客的需求向宾客介绍茶健康知识。 1.2.2 能配置适合宾客健康状况的茶饮。 1.2.3 能根据宾客健康状况，提出茶预防、养生、调理的建议	1.2.1 茶健康基础知识。 1.2.2 保健茶饮配置知识。 1.2.3 茶预防、养生、调理基本知识
2 茶事创作	2.1 茶艺编创	2.1.1 能根据需要编创不同类型、不同主题的茶艺演示。 2.1.2 能根据茶叶营销需要编创茶艺演示。 2.1.3 能根据茶艺演示的需要进行舞台美学及服饰搭配。 2.1.4 能用文字阐释编创的茶艺的文化内涵，并能进行解说	2.1.1 茶艺演示编创知识。 2.1.2 不同类型茶叶营销活动与茶艺结合的原则。 2.1.3 茶艺美学知识与实际运用。 2.1.4 茶艺编创写作与茶艺解说知识
	2.2 茶会创新	2.2.1 能设计、创作不同类型的茶会。 2.2.2 能组织各种大型茶会。 2.2.3 能组织各国不同风格的茶会。 2.2.4 能根据宾客需要介绍各国茶会的特色与内涵	2.2.1 茶会的不同类型与创意设计知识。 2.2.2 大型茶会创意设计基本知识。 2.2.3 茶会组织与执行知识。 2.2.4 各国不同风格茶会知识

续表

职业功能	工作内容	技能要求	相关知识要求
3 业务管理	3.1 经营管理	3.1.1 能制订并实施茶艺馆经营管理计划。 3.1.2 能制订并落实茶艺馆营销计划。 3.1.3 能进行成本核算，对茶饮与商品定价。 3.1.4 能拓展茶艺馆茶点、茶宴业务。 3.1.5 能创意策划茶艺馆的文创产品。 3.1.6 能策划与茶艺馆衔接的其他茶事活动	3.1.1 茶艺馆经营管理知识。 3.1.2 茶艺馆营销基本法则。 3.1.3 茶艺馆成本核算知识。 3.1.4 茶点、茶宴知识。 3.1.5 文创产品基本知识。 3.1.6 茶文化旅游基本知识
	3.2 人员培训	3.2.1 能完成茶艺培训工作并编写培训讲义。 3.2.2 能对技师进行指导。 3.2.3 能策划组织茶艺馆全员培训。 3.2.4 能撰写茶艺馆培训情况分析与总结报告。 3.2.5 能撰写茶业调研报告与专题论文	3.2.1 茶艺培训讲义编写要求知识。 3.2.2 技师指导基本知识。 3.2.3 茶艺馆全员培训知识。 3.2.4 茶艺馆培训情况分析与总结写作知识。 3.2.5 茶业调研报告与专题论文写作知识

4 权重表

4.1 理论知识权重表（表 C6）

表 C6 茶艺师理论知识要求权重

项目\技能等级		五级/ 初级工/%	四级/ 中级工/%	三级/ 高级工/%	二级/ 技师/%	一级/ 高级技师/%
基本要求	职业道德	5	5	5	3	3
	基础知识	45	35	25	22	12
相关知识要求	接待准备	15	15	15	—	—
	茶艺服务	25	30	40	—	—
	茶间服务	10	15	15	—	—
	茶艺馆创意	—	—	—	20	—
	茶饮服务	—	—	—	—	20
	茶事活动	—	—	—	35	—
	茶事创作	—	—	—	—	40
	业务管理（茶事管理）	—	—	—	20	25
合计		100	100	100	100	100

4.2 技能要求权重表（表 C7）

表 C7 茶艺师技能要求权重

项目\技能等级		五级/初级工/%	四级/中级工/%	三级/高级工/%	二级/技师/%	一级/高级技师/%
技能要求	接待准备	15	15	20	—	—
	茶艺服务	70	70	65	—	—
	茶间服务	15	15	15	—	—
	茶艺馆创意	—	—	—	20	—
	茶饮服务	—	—	—	—	20
	茶事活动	—	—	—	50	—
	茶事创作	—	—	—	—	45
	业务管理(茶事管理)	—	—	—	30	35
合计		100	100	100	100	100